Liebe Bernadette,

ich möchte Dir gerne mein Buch überreichen mit einem ganz herzlichen DANKESCHÖN für Deine Unterstützung!

Für das neue Jahr 2016 wünsche ich Dir alles Gute und vor allem Gesundheit sowie immer eine „Handbreit Wasser unter dem Kiel" wie man bei uns sagt.

Herzliche Grüße

Volker

Marl am Dümmersee, Januar 2016

Car IT kompakt

Volker Johanning • Roman Mildner

Car IT kompakt

Das Auto der Zukunft –
Vernetzt und autonom fahren

Volker Johanning
Marl am Dümmersee, Deutschland

Roman Mildner
Bergisch Gladbach, Deutschland

ISBN 978-3-658-09967-1   ISBN 978-3-658-09968-8   (eBook)
DOI 10.1007/978-3-658-09968-8

Springer Vieweg
© Springer Fachmedien Wiesbaden 2015

Das Werk einschließlich aller seiner Teile ist urheberrechtlich geschützt. Jede Verwertung, die nicht ausdrücklich vom Urheberrechtsgesetz zugelassen ist, bedarf der vorherigen Zustimmung des Verlags. Das gilt insbesondere für Vervielfältigungen, Bearbeitungen, Übersetzungen, Mikroverfilmungen und die Einspeicherung und Verarbeitung in elektronischen Systemen.
Die Wiedergabe von Gebrauchsnamen, Handelsnamen, Warenbezeichnungen usw. in diesem Werk berechtigt auch ohne besondere Kennzeichnung nicht zu der Annahme, dass solche Namen im Sinne der Warenzeichen- und Markenschutz-Gesetzgebung als frei zu betrachten wären und daher von jedermann benutzt werden dürften.
Der Verlag, die Autoren und die Herausgeber gehen davon aus, dass die Angaben und Informationen in diesem Werk zum Zeitpunkt der Veröffentlichung vollständig und korrekt sind. Weder der Verlag noch die Autoren oder die Herausgeber übernehmen, ausdrücklich oder implizit, Gewähr für den Inhalt des Werkes, etwaige Fehler oder Äußerungen.

Gedruckt auf säurefreiem und chlorfrei gebleichtem Papier

Springer Fachmedien Wiesbaden GmbH ist Teil der Fachverlagsgruppe Springer Science+Business Media
(www.springer.com)

Über die Autoren

Volker Johanning ist Berater, Autor und Speaker für die Themen Car-IT, IT-Strategie und IT-Organisation. Seine Beraterausbildung bei KPMG Consulting sowie seine Zeit als Assistent des Group-CIOs und Geschäftsführers von T-Mobile bildeten ab 2005 die Steilvorlage für seine Karriere als Führungskraft im IT-Management großer Konzerne, u. a. als Information Manager in der BASF Gruppe und als CIO des Geschäftsbereiches Achssysteme der ZF Friedrichshafen AG mit Verantwortung für mehr als 10 internationale Standorte.

Als Managementberater hat Volker Johanning für Continental AG, die Volkswagen AG sowie für ein Tochterunternehmen des Hamburger Hafen und Logistik AG Konzerns gearbeitet. Des Weiteren hat er interimistische Verantwortung als CIO für Valora Deutschland übernommen. Weitere Grundlagen für seine Expertise sind seine Ausbildung als Diplom Kaufmann und Diplom Informatiker (FH) sowie der Abschluss als zertifizierter Management Coach und seine Qualifizierung als Strategieberater.

Durch die mehr als 15 Jahre Berufserfahrung sowohl in der Mobilfunkbranche als auch in der Automobilindustrie kann er die sich gerade anbahnende Automobilrevolution sehr gut nachvollziehen. Mit dem Wissen der Führung von großen und internationalen IT-Organisationen unterstützt er daher große Automobilhersteller und -zulieferer bei dem Aufbau von neuen Car-IT-Organisationen.

Er hilft die Transformation aus der bisherigen Business-IT in eine echte Car-IT zu bewältigen. Dabei sind ihm die sehr enge Einbindung der „neuen" Fachbereiche der technischen Entwicklung und des Vertriebs besonders wichtig. Denn zum ersten Mal hat die Business-IT die Möglichkeit vom reinen internen Dienstleister zum Produktentwickler aufzusteigen und damit IT im Fahrzeug Realität werden zu lassen.

Auf dieser Basis erarbeitet Volker Johanning zusammen mit Führungskräften die strategische Ausrichtung neuer Car-IT-Organisationen und entwickelt Geschäftsmodelle und Sourcingoptionen zum Aufbau und Betrieb der Car-IT.

Roman Mildner ist Unternehmensberater und Projektmanager mit über zwanzig Jahren internationaler Erfahrung in mittelständischen und großen Unternehmen wie TAKATA, Robert Bosch, IBM, T-Mobile, O2, und HHLA.

Bereits vor dem Abschluss seines Informatikstudiums an der RWTH Aachen arbeitete er in der IT-Branche. In den neunziger Jahren baute er zunächst seine technische Expertise als Entwickler und Systemdesigner aus. In den Jahren 2001–2008 leitete er als Vorstandsvorsitzender die mceti AG, die sich auf Softwareentwicklung und Unternehmensberatung spezialisierte. Seit 2008 erweitert er sein Netzwerk von hochqualifizierten, erfahrenen Managern mit Schwerpunkt IT-Management.

Für seine Kunden optimiert er Geschäfts- und Entwicklungsprozesse, baut IT-Abteilungen auf, entwirft und etabliert innovative IT-Strategien, richtet IT-Infrastrukturen ein und überbrückt als Interimsmanager schwierige Projekt- und Unternehmensengpässe. Als Projektmanager mit Budgetverantwortung führt er besonders komplexe, zeitkritische Projekte zum Erfolg. Dank der vielfältigen Berufserfahrung auf unterschiedlichen Führungs- und Fachebenen entwickelte er ein tiefes Verständnis für die Wechselwirkungen von Technik und Management in Technologieunternehmen.

Seit fünfzehn Jahren ist er primär in der Automobilindustrie tätig. Die Schwerpunkte seiner Tätigkeit liegen dort in den Bereichen Prozessoptimierung mit Automotive SPICE, Projektorganisation, Programm- und Projektmanagement sowie Qualitätssicherung. Wirksames und pragmatisches Agieren auf allen Management- und Technikebenen sind in diesem Umfeld entscheidend. Diese Fähigkeit stellt das Kernstück seiner Beratungskompetenz dar.

Vorwort

Die Automobilwirtschaft hat eine lange, insbesondere für den Standort Deutschland wichtige und bewegende Erfolgsstory geschrieben. Seit der Erfindung des Ottomotors 1876 hat das Auto die deutsche Wirtschaft geprägt und ist zum Exportschlager schlechthin geworden. Mechanische Perfektion, optimale, hocheffiziente Produktionsabläufe sowie Forscherdrang und innovative Entwicklungen in der Elektrik und Elektronik sind eine deutsche Domäne, deren exzellentem Ruf in der ganzen Welt lange Zeit bisher kaum einer den Rang ablaufen konnte.

Zumindest so lange nicht, bis in der US-amerikanischen IT-Hochburg Silicon Valley ein durch das Internet zum Milliardär aufgestiegener Entrepreneur namens Elon Musk eine Autofabrik baute. Er bewies mit dem Tesla Model S, dass sowohl der Elektroantrieb als auch die Vernetzung des Autos keine Zukunftsvisionen, sondern bereits Realität sind. Spannenderweise sind bei Tesla nur ca. die Hälfte der Angestellten Ingenieure und ausgebildete Automotive-Experten. Die anderen 50 % sind hauptsächlich IT-Experten oder Akademiker aus völlig anderen Branchen. Außergewöhnlich ist auch, dass Tesla es sich nicht nehmen ließ, Mitte 2014 alle Patente nach dem Open-Source-Motto in den freien Markt zu geben.

Ebenfalls in 2014 stellte ein weiterer Internetriese überraschend ein Auto vor, welches unter bestimmten Verhältnissen bereits autonom fährt: Das Google Driverless Car. Beide Beispiele zeigen eindrucksvoll, dass sich ein neues Zeitalter in der Automobilbranche auftut, welches mit den alten Schemata aus dem Industriezeitalter nichts mehr gemein hat. Wie wird die automobile „old economy" auf diese Herausforderung reagieren?

Ist das Internet die Keimzelle der Veränderungen – verändert es tatsächlich die Automobilwirtschaft? Und wenn ja: Auf welche Weise und in welche Richtung?

Dieses Buch liefert die Grundlagen für das Verständnis der Funktionsweise sowie des technischen Status Quo von vernetzten Fahrzeugen und gibt einen ersten Überblick zum Thema „autonomes Fahren". Es bietet kompakt und verständlich aufbereitet Informationen für den schnellen Einstieg in ein brandaktuelles Thema.

Wir wünschen Ihnen eine angeregte Lektüre dieser „Einführung" in die neue Welt des vernetzten Fahrzeugs. Wenn Sie Fragen haben, sind wir gerne jederzeit unter car-it@car-it-consulting.de für Sie erreichbar.

Marl am Dümmersee und Köln/Detroit, 2015.
Mit herzlichen Grüßen
Volker Johanning und Roman Mildner

Inhalt

1 Die Ausgangssituation: Von der Mechanik über die Elektrik/Elektronik zur IT im Auto 1
   1.1 Grundlagen und Definitionen 1
       1.1.1 Definitionen „Car IT" und „Connected Car" 1
       1.1.2 Anwendungsfelder für Car IT 3
       1.1.3 Die Mobilfunk- und Automobilwelt wachsen zusammen 6
       1.1.4 „Internet of Things (IoT)" im Kontext von Car IT 8
       1.1.5 Wer ist für Car IT verantwortlich bei Automobilherstellern und -zulieferern? 8
   1.2 Der Markt für vernetzte Fahrzeuge 10
       1.2.1 Überblick 10
       1.2.2 7 Thesen zur Zukunft der Car IT 12
   1.3 Neue Kommunikationsmodelle entstehen 15
       1.3.1 Car2Car-Kommunikation 15
       1.3.2 Car2Infrastructure-Kommunikation 15
       1.3.3 Car2Home Kommunikation 16
       1.3.4 Car2Enterprise 16

2 Funktionsweise von vernetzten Fahrzeugen 17
   2.1 Übersicht aller Beteiligten (User) 17
   2.2 Die IT-Architektur für vernetzte Autos 19
       2.2.1 Übersicht Module/Systeme 19
       2.2.2 Darstellung der Cloud-Funktion und der Architektur 22
   2.3 Übersicht von Car IT-Funktionen im vernetzten Auto 25
       2.3.1 Grundlegende Module und Funktionen für das vernetzte Auto ... 25
       2.3.2 Fahrzeugbezogene Car IT-Funktionen 34
       2.3.3 Infotainment-Funktionen 37
       2.3.4 Call-Center bezogene Funktionen 41

3 Beispiele von Car IT-Funktionen bei Premiumherstellern 45
   3.1 Audi Q7 mit Connect und MMI plus 45
       3.1.1 Die Bedien- und Displayeinheit 45
       3.1.2 Infotainmentdienste: Audi connect 48

		3.1.3	Fahrzeugbezogene Dienste: Audi connect Fahrzeugsteuerung . . .	51

      3.1.4 Call-Center-bezogene Funktionen: Audi connect Notruf & Service 51
      3.1.5 Das „smartphone interface" 52
      3.1.6 Audi music stream 52
  3.2 BMW mit ConnectedDrive 54
      3.2.1 Die Bedien- und Displayeinheiten auf Basis des iDrive 54
      3.2.2 BMW ConnectedDrive Store 55
      3.2.3 Car IT Funktionen bei BMW 57
      3.2.4 Besonderheiten: ParkNow 57
      3.2.5 Besonderheiten: „Over-the-Air"-Aktualisierung der Navigationskarten 59

4 Autonomes Fahren 61
  4.1 Es wächst zusammen, was zusammengehört 61
  4.2 Das autonome Fahrzeug 63
  4.3 Unvermeidliche Entwicklung? 67
  4.4 Knackpunkt Sicherheit 72
  4.5 Knackpunkt Rechtslage 72
  4.6 Wann kommt das selbstfahrende Auto? 74

5 Herausforderungen für die Fahrzeug-IT 77
  5.1 Steigende Kritikalität der Fahrzeugsysteme 77
  5.2 Herausforderung Software 78
  5.3 Qualitätsstandards für Systementwicklungsprozesse 79
      5.3.1 Automotive SPICE 79
      5.3.2 Funktionale Sicherheit 83
  5.4 IT-Sicherheit im Fahrzeug 86
      5.4.1 Neue Herausforderungen 86
      5.4.2 Angriffsmöglichkeiten auf die Car-IT 88
      5.4.3 Schutz der Car-IT vor Angriffen 90
  5.5 Künftige Entwicklungen bei den Standards 93

6 Resümee 97
  6.1 Folgen für Fahrzeugnutzer 97
      6.1.1 Steigende Komplexität 97
      6.1.2 Veränderung in der Produktwahrnehmung 98
  6.2 Folgen für Autohersteller und ihre Zulieferer 99
      6.2.1 Verschiebung der Technologieschwerpunkte 99
      6.2.2 Neue Schwergewichte im Automobilmarkt 101
      6.2.3 Steigender Kostendruck 104
      6.2.4 Weitere Auswirkungen 105
  6.3 Folgen für Volkswirtschaft, Gesellschaft und Politik 106
  6.4 Ein Blick in die Zukunft 109
  6.5 Von der Car IT zum IT-Car 111

Literatur 113

Die Ausgangssituation: Von der Mechanik über die Elektrik/Elektronik zur IT im Auto

Zusammenfassung

Seit Ende des 19. Jahrhunderts schreibt das Automobil mit unzähligen Innovationen Industrie-Geschichte. Die oftmals als „Blechbieger" gescholtenen Autohersteller haben in den letzten 30–40 Jahren einen rasanten Wandel vollzogen: So wurden moderne Elektrik und Elektronik zu wesentlichen Bestandteilen eines Autos, um alle Bauteile optimal steuern zu können. Daraus wiederum haben sich viele sogenannte Assistenzsysteme entwickelt, die dem Auto durch Sensoren und Kameras das Fühlen und Sehen beigebracht haben.

Jetzt steht ein neues Zeitalter bevor, denn durch das Internet im Auto kann die Intelligenz des Autos um ein Vielfaches erhöht werden. Die Telematik als ein Kunstwort aus Informatik und Telekommunikation hat Einzug ins Auto erhalten. Damit können Autos untereinander und auch mit anderen Technologien, die mit dem Internet verbunden sind, kommunizieren. Man spricht von einer digitalen Revolution des Autos, die im Folgenden näher betrachtet werden soll.

1.1 Grundlagen und Definitionen

1.1.1 Definitionen „Car IT" und „Connected Car"

Alle Automarken haben sich bisher durch die Motorenleistung, den Antrieb oder das Design differenziert. Der Kunde hat sich genau diese besonderen Merkmale eines Autos angesehen und daraufhin seine Kaufentscheidung getroffen.

Seit gar nicht langer Zeit gibt es jedoch ein weiteres wichtiges Kaufmerkmal: Die Ausstattung des Autos mit moderner Informationstechnologie. Gerade die jüngere Generation möchte auch während der Autofahrt auf die nützlichen Funktionen ihres Smartphones zugreifen und beispielsweise Mails oder SMS direkt unterwegs beantworten, per Google Maps navigieren sowie persönliche Musikinhalte aufrufen und abspielen. Gleichzeitig soll sichergestellt sein, dass die Aufmerksamkeit auf die Straße gerichtet bleibt.

Wer als Autohersteller heute diese Funktionen nicht bieten kann, ist aus Käufersicht nicht mehr attraktiv und wird rapide an Marktanteilen verlieren.

Klar: Auf den ersten Blick bleibt die seniore Käuferschicht mit dem größeren Geldbeutel erhalten, aber auch für diese Zielgruppe wird die Vernetzung des Autos mit dem Internet sehr attraktiv werden. Wenn nämlich zum Beispiel Autos per App ferngesteuert eingeparkt werden können, so ist das für Autofahrer eine enorme Erleichterung. Auch die vielfältigen Sicherheitsfunktionen, die Car IT bietet, liefern nicht nur für ein junges Kundensegment wichtige Kaufargumente, sondern vor allem für die Generation der sogenannte Best Ager. Genannt seien hier vollautomatische Spurhalteassistenten, der sogenannte Emergency-Call, der bei einem Unfall selbsttätig Hilfe ruft oder die ständig verfügbare Information des Fahrzeugzustands nicht nur im Auto, sondern auch aus der Distanz per App oder über ein Kundenportal im Web-Browser.

Aber woher kommt der Begriff „Car IT" oder „Connected Car" eigentlich?

In allen westlichen Ländern haben es die Mobilfunkgesellschaften mittlerweile geschafft, eine flächendeckende, schnelle und stabile Mobilfunkversorgung sicherzustellen. Das beinhaltet nicht nur, dass man von überall telefonieren kann, sondern dass auch von nahezu überall eine Internet-verbindung aufgebaut werden kann. Dies gilt auch für das Auto. Wenn das Auto beispielsweise mit einer SIM-Karte ausgestattet ist oder eine Verbindung des Smartphones mit dem Auto per Funkübertragung (meistens Bluetooth) hergestellt wird, ist es sozusagen „online". Man spricht vom „vernetzten Fahrzeug" oder im Englischen von „Connected Cars". Da zum ersten Mal die neuen Funktionen des vernetzten Fahrzeugs nicht mehr nur auf Elektrik oder Elektronik basieren, sondern auf IT, spricht man in Fachkreisen von „Car IT". Dieser Begriff geht noch einen Schritt weiter und beschreibt neben den neuen Funktionen im Auto auch weitergehende IT-Leistungen und dazu notwendige IT-Systeme, die der Kunde nicht direkt sieht. Diese werden auf Basis einer IT-Architektur und dazu notwendiger IT-Systeme in Kap. 2 (siehe Abschn. 2.2) näher dargestellt.

Eine mögliche Definition von Car IT könnte lauten: „Der Begriff Car-IT betrachtet alle Informationsflüsse, die in das Fahrzeug hinein-, aus dem Fahrzeug heraus- oder im Fahrzeug selbst fließen. Das Ziel liegt darin, das Fahrzeug beziehungsweise den Fahrer als direkten Informationsempfänger/-lieferanten in erweiterte Geschäftsprozesse und Geschäftsmodelle zu integrieren, unabhängig von Zeitpunkt und Standort des Fahrzeugs." [51]

Generell bleibt aber festzuhalten, dass sich eine allgemein akzeptierte und übergreifende Definition der Begriffe Car IT oder Connected Car noch nicht durchgesetzt hat. Dazu ist dieses Themenumfeld noch zu dynamisch und zu jung als das schon ganz konkrete Definitionen und Abgrenzungen möglich wären. Recherchen bestätigen dies, obschon

1.1 Grundlagen und Definitionen

auch die wissenschaftliche Auseinandersetzung zu diesen Themen rapide zunimmt. Dies ist sehr begrüßen, da sich in diesem Themenfeld neben der reinen Nutzung des Internets im Fahrzeug noch viel mehr Anwendungsfelder ableiten lassen, wie im kommenden Abschnitt dargestellt.

1.1.2 Anwendungsfelder für Car IT

Zunächst muss klar sein, welche Stakeholder im Umfeld Car IT vorhanden sind: Zum einen sind das die Automobilhersteller und deren Zulieferer, zum anderen sind das die Fahrzeugnutzer. Hinzu kommt ein weiterer Stakeholder, der eine wichtige Funktion einnehmen wird: Der Staat muss im Rahmen der Gesetzgebung festlegen, wie die zukünftige, digitale Verkehrsinfrastruktur zu nutzen ist, insbesondere im Hinblick auf das Fernziel des autonomen Fahrens.

Um sowohl die Stärken und Schwächen als auch die Chancen und Risiken für die genannten Stakeholder im Bereich Car IT darzustellen, wurde eine SWOT-Analyse für jeden Stakeholder angefertigt. Die Abb. 1.1 stellt eine SWOT-Analyse für die Automobilhersteller und -Zulieferer dar, die Abb. 1.2 für die Fahrzeugnutzer und die Abb. 1.3 für die öffentliche Hand bzw. den Staat.

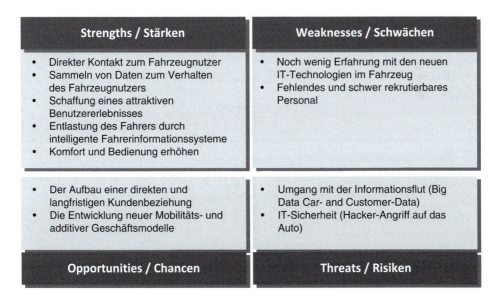

Abb. 1.1 SWOT-Analysen für Autohersteller und -zulieferer

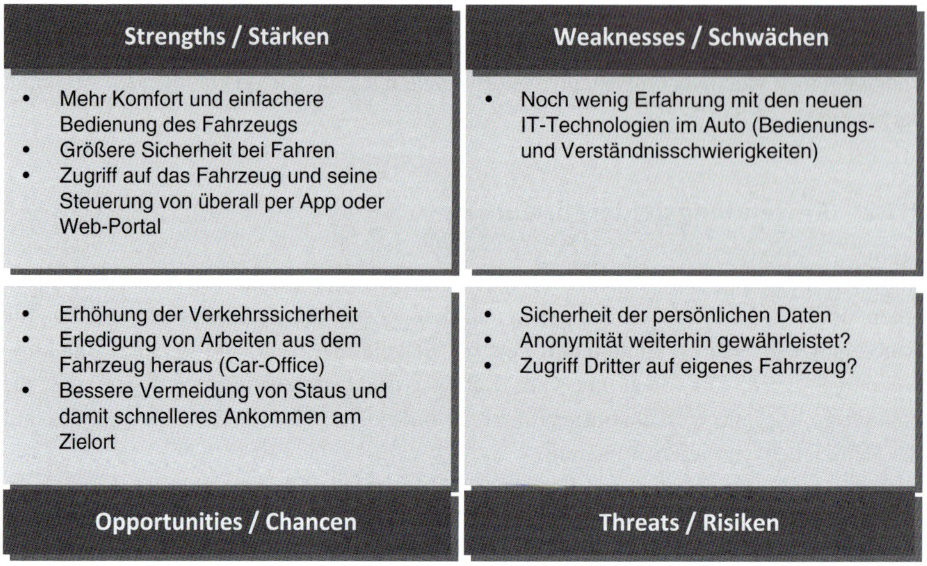

1 Die Ausgangssituation: Von der Mechanik über die Elektrik/Elektronik...

Strengths / Stärken	Weaknesses / Schwächen
• Mehr Komfort und einfachere Bedienung des Fahrzeugs • Größere Sicherheit bei Fahren • Zugriff auf das Fahrzeug und seine Steuerung von überall per App oder Web-Portal	• Noch wenig Erfahrung mit den neuen IT-Technologien im Auto (Bedienungs- und Verständnisschwierigkeiten)
• Erhöhung der Verkehrssicherheit • Erledigung von Arbeiten aus dem Fahrzeug heraus (Car-Office) • Bessere Vermeidung von Staus und damit schnelleres Ankommen am Zielort	• Sicherheit der persönlichen Daten • Anonymität weiterhin gewährleistet? • Zugriff Dritter auf eigenes Fahrzeug?
Opportunities / Chancen	**Threats / Risiken**

Abb. 1.2 SWOT-Analyse für Fahrzeugnutzer

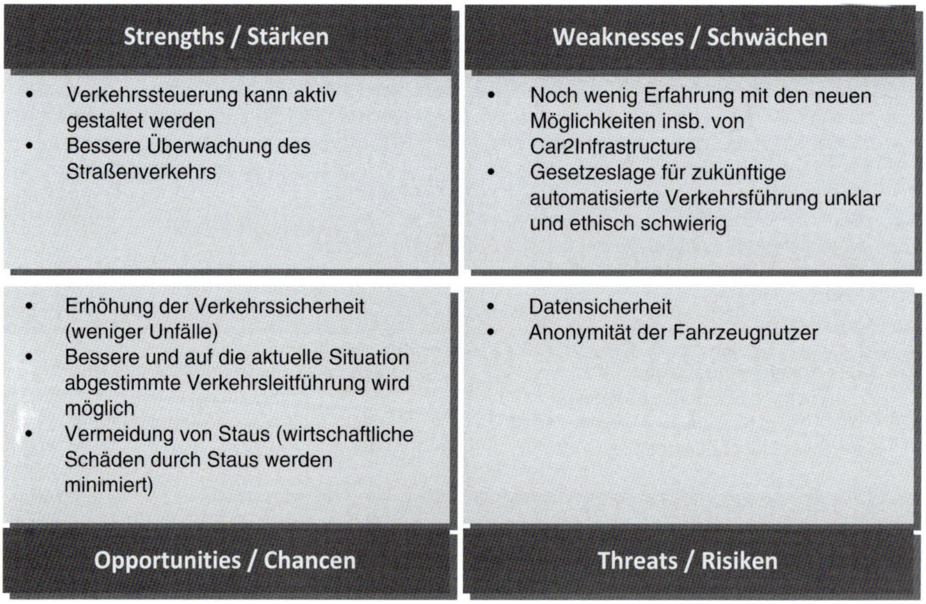

Strengths / Stärken	Weaknesses / Schwächen
• Verkehrssteuerung kann aktiv gestaltet werden • Bessere Überwachung des Straßenverkehrs	• Noch wenig Erfahrung mit den neuen Möglichkeiten insb. von Car2Infrastructure • Gesetzeslage für zukünftige automatisierte Verkehrsführung unklar und ethisch schwierig
• Erhöhung der Verkehrssicherheit (weniger Unfälle) • Bessere und auf die aktuelle Situation abgestimmte Verkehrsleitführung wird möglich • Vermeidung von Staus (wirtschaftliche Schäden durch Staus werden minimiert)	• Datensicherheit • Anonymität der Fahrzeugnutzer
Opportunities / Chancen	**Threats / Risiken**

Abb. 1.3 SWOT-Analyse für die öffentliche Hand bzw. den Staat

1.1 Grundlagen und Definitionen

Die dargestellten Vorteile und Chancen von Car IT spiegeln sich auch in den Haupt-Anwendungsszenarien wider. Die Tab. 1.1 zeigt die drei wesentlichen Anwendungsfelder, die das Thema Car IT zu einem der wichtigsten Marktthemen in der Automobilbranche werden lässt.

Tab. 1.1 Die drei wesentlichen Anwendungsfelder von Car-IT

Anwendungsfeld	Beschreibung
Sicherheit	Das Ziel ist die Verkehrssicherheit drastisch zu erhöhen und damit Unfälle zu vermeiden. Die Vernetzung und damit die Kommunikation der Fahrzeuge sowie der Infrastruktur untereinander wird es ermöglichen, dass auf Situationen reagiert werden kann, die der Mensch als Fahrer noch gar nicht sehen oder erahnen kann. Schon heute kann per Radar in einigen Fahrzeugen vieles erkannt werden, was dem menschlichen Auge verborgen bleibt, aber durch C2X-Kommunikation kann dies ganzheitlich umgesetzt werden. So kann das Fahrzeug reagieren und/oder bremsen, noch ehe wir als Fahrer reagieren können. Auch nachfolgende Fahrzeuge werden informiert und reagieren dementsprechend. So werden Unfälle vermieden und die Sicherheit wird drastisch erhöht.
Effizienz/ Wirtschaftlichkeit	Laut VDA [53] haben im Jahre 2011 Deutschlands Autofahrer 21 Jahre lang im Stau gewartet, was insgesamt einen Stillstand auf ca. 450.000 km und Kosten von 100 Mio. Euro verursacht hat. Das muss in Zukunft nicht mehr sein. Schon heute gibt es verkehrsabhängige Geschwindigkeitsbegrenzungen, die aber auf Kameraaufnahmen basieren und Wetterdaten einbeziehen. Staumeldungen aus dem Radio oder per TMC geben dem Fahrzeugführer wichtige Informationen. Das Problem ist aber, dass diese Informationen noch nicht ausreichen, um den Verkehrsfluss so zu optimieren, dass keine oder kaum Staus entstehen. Dazu bedarf es der direkten Kommunikation nicht nur zwischen Fahrzeugen, sondern vor allem zwischen Fahrzeugen und den Infrastrukturen (siehe dazu ausführlicher Abschn. 1.3.2). Damit können in Zukunft alle staubildenden Faktoren gesammelt werden und so frühzeitig und in Echtzeit einem Stau entgegenwirken. Das Ergebnis spart nicht nur viel Geld, sondern vor allem Nerven und unproduktive Zeitverschwendung. Gerade für den Güterverkehr bedeutet dies bessere Planbarkeit und Kosteneffizienz. Darüber hinaus kann viel Kraftstoff durch die Vermeidung von Staus gespart werden.
Infotainment	Infotainment ist ein Kunstwort bestehend aus Informationen und Entertainment. Damit sind Funktionen im Fahrzeug gemeint, die sogenannten Content, also Inhalte wie Nachrichten, Börsenkurse, Wetter oder auch Facebook-, Twitter- und Email-Nachrichten, aber auch Musik und Kurzweil in das Fahrzeug bringen. Angereichert werden diese Daten oftmals mit dem aktuellen GPS-Signal, welches den Ort anzeigt, an dem man sich gerade befindet. So werden ortsbasierte Werbung und lokale Nachrichten möglich, aber auch die günstigste Tankstelle in der Nähe oder empfohlene Restaurants oder Hotels sowie die nächste Ladestation für das Elektroauto (eine detaillierte Übersicht aller neuen Funktionen im Fahrzeug ist in Abschn. 2.3 dargestellt). Damit kann die heute oft unproduktive Zeit im Fahrzeug in Zukunft durch eine Vielzahl von neuen Infotainment-Funktionen sinnvoller gestaltet werden.

Tab. 1.2 Vergleich Automobil- zu Mobilfunkbranche

Automobilbranche	Mobilfunkbranche
Sehr große Historie und sehr alt (>100 Jahre)	Sehr junge Branche (ca. 15–20 Jahre)
Entwicklungszyklen sehr lang (ca. 5–7 Jahre)	Sehr kurze Entwicklungszyklen (1–2 Jahre)
Historisch kein direkter Kundenkontakt (häufig nur über Werkstätten oder Händler)	Sehr enger Kundenkontakt
Sehr hohes Sicherheitsbedürfnis	Sicherheitsthemen sehr wichtig, aber nicht so stark ausgeprägt wie bei Automobilbauern

1.1.3 Die Mobilfunk- und Automobilwelt wachsen zusammen

Um das vernetzte Fahrzeug mit den beschriebenen Anwendungsfällen (siehe Abschn. 1.1.2) Realität werden zu lassen, wird zwingend eine mobile Datenverbindung im Fahrzeug benötigt. Hier kommen die neuen Partner der Automobilwirtschaft ins Spiel: Die Mobilfunkanbieter und IT-Dienstleister als neue Player in der Branche. Es wachsen damit zwei Welten zusammen, die bisher wenige bis keine Berührungspunkte hatte. Daher zeigt die Tab. 1.2 einen Vergleich der beiden Akteure der Automobil- und der Mobilfunk- bzw. IT-Branche.

Gerade das Thema Entwicklungszyklen sticht in der Tab. 1.2 hervor. Für die im Vergleich zur Automobilbranche noch junge Mobilfunk- und IT-Branche sind Produktupdates in sehr kurzen Abschnitten normal. Der Kunde ist es gewohnt, dass alle 1–2 Jahre ein neues Produkt mit einer stark erweiterten Leistungsfähigkeit auf den Markt kommt. Die Innovationsgeschwindigkeit ist enorm hoch. Ein neues Fahrzeugmodell hat bisher ca. 6–7 Jahre auf sich warten lassen. Es wurden zwischendurch vielleicht Facelifts in den Markt gebracht, aber was die starre Infotainmentwelt des Fahrzeugs anbelangt, so sind die Kunden noch heute zum großen Teil bei Neuwagen mit nicht skalierbaren und nicht updatefähigen Infotainmentgeräten konfrontiert. Ein Update ist maximal per CD möglich, die man sich umständlich kaufen muss und deren erfolgreiche Installation und Verwendung oftmals nur technikversierten Fahrzeugnutzern offen steht.

Welche Möglichkeiten der Vernetzung des Fahrzeugs bietet die Mobilfunkbranche den Autoherstellern an? Die Abb. 1.4 zeigt beispielhaft wie das Fahrzeug mit dem Internet verbunden werden kann.

Demnach kann das Fahrzeug über ein eingebautes elektronisches Steuergerät vernetzt werden (siehe (1) Embedded in der Abb. 1.4), welches fest im Fahrzeug verbaut ist. Dieses Steuergerät enthält die SIM-Karte, um die ständige Verbindung zum Internet aus dem Fahrzeug heraus zu bewerkstelligen.

Bei der zweiten Kategorie erfolgt die Vernetzung des Fahrzeugs via „Tethering". Dies bedeutet, dass die SIM-Karte des Kunden benutzt wird. Hierbei werden zwei mögliche Optionen unterschieden:

1.1 Grundlagen und Definitionen

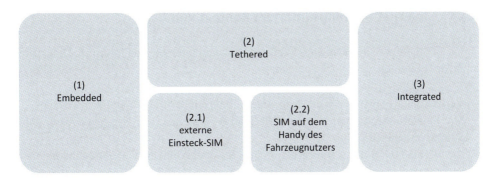

Abb. 1.4 Vernetzungsmöglichkeiten bei Connected Car Systemen

1. Das Fahrzeug verfügt über ein fest eingebautes Steuergerät, welches als eine Art Modem die Verbindung zum Internet herstellt (siehe (2.1) in der Abbildung). Dann kann der Nutzer seine SIM-Karte über Bluetooth durch ein sogenanntes „Bluetooth SIM-Access-Profil (BT SAP)" zur Verfügung stellen. In der Regel enthält das Steuergerät auch einen eigenen SIM-Karten-Slot im Fahrzeug, so dass der Fahrzeugnutzer ohne Bluetooth seine SIM-Karte für die Internetverbindung direkt in das Steuergerät stecken kann (die sogenannte „Einsteck-SIM")
2. Bei der zweiten Option (siehe (2.2.) in der Abbildung) wird die Bluetooth-Funktion des Smartphones oder Handys des Fahrzeugnutzers benutzt. Dies entspricht dem sogenannten „Bluetooth Dial-up-Networking (BT DUN)" oder „Bluetooth Personal Area Network (BT PAN)".

Bei den vorgestellten Kategorien Embedded und Tethered werden die Anwendungen auf dem Connected Car System des Fahrzeugs ausgeführt, während in der dritten Kategorie (Integrated) sowohl die Verbindung zum Internet als auch alle Anwendungen auf dem mobilen Endgerät laufen und nur die Anzeige und in manchen Fällen die Eingabemöglichkeiten über das Connected Car System im Fahrzeug möglich sind.

Abschließend kann zum Thema Mobilfunkanbindung im Fahrzeug gesagt werden, dass für verschiedene Funktionen unterschiedliche Internetanbindungen notwendig sind. So benötigen einige Funktionen, wie zum Beispiel der E-Call als Notruf oder der B-Call im Falle des Liegenbleibens keine große Bandbreite, aber eine sehr hohe Verfügbarkeit und besitzen einen großen Sicherheitsanspruch. Entertainment-Funktionen, wie Online-Videos oder Musik aus dem Internet benötigen eine große Bandbreite und hohe Verfügbarkeit, haben allerdings nicht den gleich hohen Sicherheitsanspruch wie die oben genannten E- oder B-Call-Funktionen (detaillierte Beschreibung der genannten Funktionen erfolgt in Kap. 2 unter Abschn. 2.3).

1.1.4 „Internet of Things (IoT)" im Kontext von Car IT

Durch die ständige Verbindung des Fahrzeugs mit dem Internet, sind folgende „Dinge" im Sinne des „Internets der Dinge" gemeint:

- Verbindung des Fahrzeugs mit dem Automobilhersteller (OEM) und dem Händler
- Mit Regierungsbehörden (für zum Beispiel Mautstellen, der Kfz-Stelle bzw. dem Straßenverkehrsamt)
- Die Verbindung mit der Infrastruktur, zum Beispiel Ampeln, Verkehrsschildern oder Parkhäusern
- Die Verbindung mit anderen Fahrzeugen

Im Mittelpunkt steht die Frage, wie sich der Automobilaspekt im Internet der Dinge (IoT) für Automobilhersteller, Dienstleistungsanbieter, Aufsichtsbehörden und Verbraucher auf die Integration intelligenter Geräte, Infotainment-Funktionen, Embedded-Lösungen, Big Data, Interoperabilität, Kontrolle und Sicherheit auswirken wird? Hier sind noch viele Fragen unbeantwortet, aber der Markt wächst rasant.

„Mit über 279 Millionen verbundenen Fahrzeugen, die bis 2021 im Straßenverkehr erwartet werden und in Anbetracht von Prognosen, die globale Einkünfte aus Technik und Dienstleistungen für das Internet der Dinge bis 2020 auf 8 Billionen Dollar ansetzen, zieht der Automobilaspekt im IoT innerhalb der Automobilbranche rapide die Aufmerksamkeit auf sich", kommentiert Joel Hoffmann, Marketingdirektor der GENIVI Alliance und Automobilstratege bei Intel [49].

1.1.5 Wer ist für Car IT verantwortlich bei Automobilherstellern und -zulieferern?

Die Vernetzung des Fahrzeugs ändert die Sichtweise und die Kaufkriterien von Fahrzeugnutzern radikal. Die ganze Branche ist in einer Umwälzung. Auf einmal werden IT-Kenntnisse für Automobilhersteller und -zulieferer nicht nur für die Optimierung der Produktionsprozesse oder ERP-Einführungen benötigt, sondern auch direkt im Fahrzeug.

Es stellt sich die Frage, wie die IT-Organisationen der Automobilhersteller und -zulieferer darauf reagieren sollen und können?

Die Unternehmensberatung MHP (Mieschke Hofmann und Partner) ist dieser Frage in einer Untersuchung nachgegangen, die zusammen mit dem Forschungszentrum Informatik in Karlsruhe durchgeführt wurde. Es wurden insgesamt 350 Führungskräfte in den IT-Bereichen der Automobilindustrie zu diesem Themenfeld im Jahre 2012 befragt (siehe dazu den Bericht in [51]).

1.1 Grundlagen und Definitionen

MHP hat drei mögliche Antworten bzw. Szenarien formuliert, um herauszufinden wie die IT-Abteilungen auf das Thema Car-IT reagieren:

1. **Kein Einfluss der IT:** Die technische Entwicklung des Automobilherstellers verantwortet die Weiterentwicklung der Car-IT. Das heißt damit auch die Integration der Onboard-IT in die Aftersales-Prozesse sowie die Schnittstelle zu Service- und Contentprovidern (Beispiel: Navigation von Google). Die Entwicklung der Elektronik- und Softwarelösungen wird durch spezialisierte Lieferanten bereitgestellt. Die bisherige Rolle des CIO wird damit nicht durch die Car-IT beeinflusst.
2. **IT integriert die Verantwortung:** Die Bereitstellung von Lösungen für vernetztes Fahren wird in Zukunft in die bestehende IT-Organisation des OEM integriert. Die IT-Organisation übernimmt damit Verantwortung für IT-Komponenten zum zukünftigen integrierten Lösungsszenario „vernetztes Fahren". Diese IT-Komponenten umfassen Lösungen für folgende Bereiche: Onboard, Access, Telematikbackend, Enterprise-IT-Integration. Der CIO ist damit verantwortlich für alle IT-Entwicklungen und -Lösungen im Unternehmen und im Fahrzeug.
3. **IT übernimmt die Verantwortung:** Die bestehende IT-Organisation des OEM übernimmt zukünftig die Verantwortung für die Integration aller Onboard-IT-Lösungen in die Enterprise-IT-Prozesse des OEM (CRM, Aftersales und andere). Zur Sicherstellung dieser Integrationsfähigkeit erhält der CIO die Governance-Rolle für alle Onboard-IT-Technologiestandards. Der CIO ist verantwortlich für die Fahrzeug-IT und die Enterprise-IT. Er leistet die Entwicklung bis zur definierten Schnittstelle Steuersoftware und Unternehmenssoftware.

„Die aktuelle Meinungsbildung tendiert zu Szenario 3", erklärt Stefan Hellfeld, Projektleiter Bereich Software Engineering des FZI [51]. Rund 54 % der Befragten gehen davon aus, dass die IT-Organisation des OEM zukünftig die Verantwortung für die Integration aller Onboard-IT-Lösungen übernimmt. „Die Technologie-, Prozess- und Lösungskompetenz der Business-IT wird genutzt, um die Einbindung in ganzheitliche Prozessszenarien zu ermöglichen und zu beschleunigen", so Hellfeld. Zur Sicherstellung der Integrationsfähigkeit erhält der CIO folglich die Governance-Rolle für alle Onboard-IT-Technologiestandards.

Doch wie sieht die Unterstützung dieses Szenarios konkret in den Unternehmen aus? Rund 20 % der Teilnehmer sagen aus, dass bereits Maßnahmen unternommen werden, um das gewählte Szenario zu unterstützen. „Man kann daraus den Schluss ziehen, dass in den Unternehmen die IT-Bereiche aktiv gestaltend eingebunden werden und deren Position verstanden und auch unterstützt wird", sagt Jan Wiesenberger, Geschäftsführer FZI. Dennoch bleiben Risiken, die von den IT-Führungskräften auch klar benannt werden. Die neuen Anforderungen an die Automotive-Industrie werden derzeit häufig von Zulieferern bereitgestellt beziehungsweise von neuen Lieferanten aus der IT-Dienstleistungsszene, insbesondere Internet- und Digitalagenturen.

Die wichtige Frage nach der Problematik, dass der Hersteller infolgedessen keine ausgeprägte eigene Kompetenz für Car-IT-Technologien und -Lösungen entwickelt, wird dementsprechend kritisch bewertet. Viele Teilnehmer merken an, dass sich der Autobauer dem Lernprozess in Bezug auf Car-IT-Innovationen durch diese Konstellation entzieht (Software, Geschäftsmodelle). Daraus resultiert letztlich eine mangelnde oder gar fehlende Beurteilungskompetenz. Das dürfte sich langfristig negativ auswirken.

Hinzu kommt, dass durch eine gelebte und tradierte organisatorische Trennung beziehungsweise Nicht-Zusammenführung der Business-IT und der Car-IT Potenziale verschenkt werden. „Übergreifendes Wissen bezogen auf die Integration Car-IT zu Enterprise-IT wird nicht ausreichend entwickelt und gepflegt", weiß Wiesenberger. Eine Stabilisierung der aktuellen Situation könnte dadurch erfolgen, dass man die Veränderungen in den Geschäftsmodellen und -prozessen klar identifiziert und die totale Abgrenzung zwischen der IT und der Produktentwicklung aufbricht. Doch dafür ist wohl noch ein Stück Weg zurückzulegen. Denn eines zeigt die Untersuchung auch sehr deutlich: 29 % der Befragten sehen Szenario 1 als realitätsnah an. Mit anderen Worten: Die Business-IT wird keinen Einfluss auf die Car-IT haben.

1.2 Der Markt für vernetzte Fahrzeuge

1.2.1 Überblick

Das Thema Car IT gilt im Jahre 2014 und 2015 als eines der Zukunftsthemen der Automobilindustrie mit dem höchsten Potential [50]. Das Forschungsinstitut Gartner bezeichnet das vernetzte Fahrzeug als „the ultimate mobile device" [54]. Matthias Wissmann als VDA Präsident wird für einen Kongress zum Thema Car-IT so zitiert „Ohne Car-IT – die Vernetzung des Autos – noch Fahrzeuge im globalen Weltmarkt zu verkaufen wird unmöglich sein" [3].

In der von der Tochterfirma der Deutschen Telekom, Detecon, dargestellten Abb. 1.5 wird der Aufstieg des Connected Car sehr anschaulich dargestellt [55]. Es wird deutlich, dass sich bereits zu den Internet-Boom-Zeiten um die Jahrtausendwende einige Automobilhersteller verstärkt mit dem Thema Connected Car auseinandersetzten. Nach dem Platzen der damaligen Internetblase sind diese Aktivitäten aber nahezu eingestellt worden. Ein wesentlicher Grund dafür dürfte die nicht ausreichende Mobilfunkgeschwindigkeit gewesen sein (in der Abb. 1.5 als „Data Rate" dargestellt). Denn der damals euphorisch gefeierte neue Mobilfunkstandard UMTS erwies sich von der Bandbreite her als noch nicht ausreichend für die Anwendungsfälle im vernetzten Fahrzeug.

Wenn man sich parallel zur Entwicklung des Mobilfunkmarktes und der intensiv ausgebauten Bandbreite das Connected Car-Potenzial auf Basis der zu vernetzenden Fahrzeuge in Abb. 1.6 anschaut, dann sieht man wie groß der Markt ist und das man hier im Grunde erst am Anfang steht.

1.2 Der Markt für vernetzte Fahrzeuge

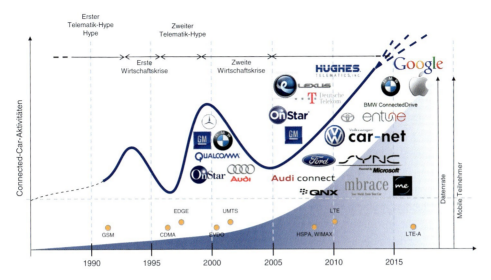

Abb. 1.5 Aufstieg des Connected Car

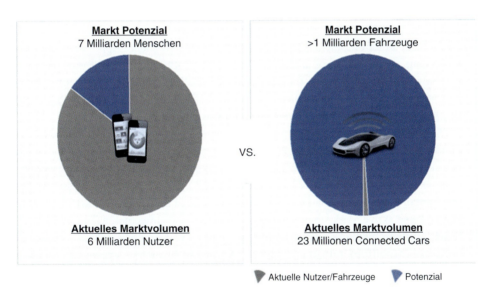

Abb. 1.6 Mobilfunk-Potenzial vs. Connected Car-Potenzial

Eine ausführliche Marktanalyse mit den aktuellen Playern sowie eine Übersicht wer welche Neuigkeiten im Markt eingeführt hat kann nur schwer im Buch gegeben werden, da es vermutlich zu dem Zeitpunkt, an dem es gelesen wird, schon wieder veraltet ist. Daher finden Sie eine stets aktuelle Übersicht unter www.johanning.de/car-it-buch.

1.2.2 7 Thesen zur Zukunft der Car IT

In sieben Thesen soll die mögliche Zukunft des vernetzten Fahrzeugs und die damit einhergehende Car IT transparent gemacht werden. Die Fahrzeughersteller stehen vor großen Herausforderungen:

Auf der einen Seite muss eine Digitalisierung ihres Geschäftsmodells in Bereichen erfolgen, die bisher vollkommen irrelevant waren und auf der anderen Seite darf die eigentliche Kunst und Qualität des Autobauens nicht darunter leiden. Digitalisierung und Car IT können nicht vollständig ausgelagert werden, da diese Kompetenzen für die Zukunft zu wichtig, ja quasi marktentscheidend sind. Trotzdem ist eine branchenübergreifende Zusammenarbeit nötig. Automobilhersteller werden auf Mobilfunkanbieter und Software-Häuser zugehen müssen, um die notwendigen Kompetenzen aufbauen zu können. Auch regierungsnahe Institutionen sind für das Thema Autonomes Fahren unabkömmlich.

Die folgenden sieben Thesen sollen darstellen worauf zu achten ist, damit der zukünftige Markt rund um die Car IT das Geschäftsmodell der Automobilplayer erweitert und nicht zerstört (angelehnt an eine Studie des BVDW: „10 Thesen zur Zukunft des Connected Car" [52]):

1. **Car IT muss eine Kernkompetenz der Automobilhersteller sein, da diese sonst riskieren, vom Hersteller zum Zulieferer zu werden.**

    Ein Beispiel für ein solches Szenario liefert die Musikbranche: Apple ist es mit dem iPod, dem iPhone und vor allem mit der dafür notwendigen Plattform „iTunes" geschafft, die Musikindustrie zum Zulieferer zu machen. Songtitel und ganze Alben, beispielsweise von Sony oder BMG werden heute im iTunes-Store gekauft, was eine deutliche Machtverschiebung in der Musikindustrie bedeutet.

    Die Automobilhersteller müssen ein Auge darauf haben, dass nicht Player aus der IT-Industrie wie Apple oder Google die Hoheit über die Car IT übernehmen und durch besseres Design, schnellere Produktzyklen und innovativere Bedienung so stark werden, dass sie Autos quasi bei Herstellern einkaufen, mit ihren Technologien aufrüsten und unter ihrem Label verkaufen. Dann wäre der so wichtige Endkundenkontakt weg und es könnte keine aktive Markenbindung mehr geschaffen und aufrechterhalten werden!

2. **Stark unterschiedliche Entwicklungs- und Produktlebenszyklen zwischen Software-/Mobilfunkindustrie sowie Automobilbranche erzeugen großen Handlungsdruck bei Automobilherstellern.**

    Die Entwicklungszyklen der Automobilhersteller liegen bei durchschnittlich etwa sechs Jahren und sind damit um ein Vielfaches länger als beispielsweise der Entwicklungszyklus eines Smartphone-Betriebssystems. Die IT-Industrie hat damit einen Machthebel, der die Taktrate für das angibt, was Kunden innovativ finden und kaufen. Gibt es ein neues Smartphone mit neuen Funktionalitäten, braucht die Autoindustrie heute Jahre für die Planung und Einführung ähnlicher oder besserer Funktionalitäten. Damit gibt die IT-Industrie gegenwärtig die technischen Standards vor und der Autoindustrie bleibt nur die Rolle des „Followers". Kunden von heute warten aber nicht Jahre auf Funktionalitäten im Fahrzeug, die sie auf ihrem Smartphone bereits anwenden. Automobilherstellern muss es zumindest gelingen, die Kompatibilität mit diesen Consumer-Devices sicherzustellen, sowohl in Punkto Hardware als auch bei der Software. Da die die Dynamik der Entwicklung keine langfristige Planung mehr zulässt, ist es bereits jetzt erforderlich, dass die Fahrzeuge in Bezug auf technische Anforderungen flexibel bleiben, und ihre Nachrüstbarkeit und Updatefähigkeit gewährleistet ist. Nur wenn es den Automobilhersteller frühzeitig gelingt, sich über langfristige Regeln zu einigen, bleibt die Handlungsfähigkeit bei der Vernetzung von Automobil- und Consumer-Devices erhalten. Gelingt dies nicht, könnte die Zukunft der Connected Cars nicht von den Automobilunternehmen entschieden werden, sondern von den Anbietern der Consumer-Devices.

3. **Der Status-Charakter des Fahrzeugs verliert an Wert, während Konnektivität und zweckmäßige Mobilität in den Vordergrund rücken.**

    Die Kaufbereitschaft junger Konsumenten für Kraftfahrzeuge nimmt ab. Stattdessen steht die spontane Mobilität im Vordergrund. Dafür nutzt besonders diese soziale Gruppe verschiedene Angebote vom Carsharing bis zum Fernbus. Zugriffsentscheidend sind in Zukunft der einfache und flächendeckende Zugang zu solchen Leistungen und die Konnektivität, die im Zusammenhang mit dem Kauf eines Kfz und der Inanspruchnahme einer Mobilitätsdienstleistung erworben werden. Durch die wachsende Konnektivität spielt das anschwellende Gesamtangebot im Infotainment- und Entertainmentbereich für Fahrzeughersteller und Mobilitätsdienstleister zunehmend eine immense Rolle. In Anfängen äußert sich das bereits bei der wachsenden Verfügbarkeit von WLAN in Zügen, Flugzeugen, Autos und Bussen. Zudem gewinn der stetige Anstieg auch individueller Inhaltsangebote begleitend zur jeweiligen Mobilitätsausstattung eine wachsende Bedeutung.

4. **After-Sales-Services und periphere Dienste werden in Zukunft mehr Umsatz erbringen als der Verkauf des Fahrzeugs selbst.**

    Wertschöpfung wird im digitalen Zeitalter zunehmend über das eigentliche Produkt hinaus mit Services (zum Beispiel bei Contentbereitstellung) erzielt, die basierend auf dem Nutzungskontext zur Verfügung gestellt werden. Das Kraftfahrzeug dient dann als Zugang zu einem Mobilitäts-Service-Ökosystem. Pay-per-Use-Modelle (Bezahlung für jeweilige Nutzung) und Service-Abonnements sind neue Geschäftsfelder für digitale Angebote im Bereich Kfz und Individual-Mobilität.

5. **Wesentlicher Erfolgsfaktor für Automobilhersteller ist die richtige Auswahl von Partnern.**

    Mitgestalten und Mitverdienen? Fahrzeughersteller müssen die Potenziale des Connected Cars erkennen und aktiv mitgestalten. Wird diese Möglichkeit nicht genutzt, nutzen sie branchenfremde Unternehmen. Es besteht die Gefahr, dass das Fahrzeug zur reinen Plattform wird, ohne dass für die OEM eine signifikante Umsatzsteigerung entsteht. Diese müssen die richtigen Entscheidungen bezüglich ihrer Rolle zwischen Kontrolle und Innovationsführerschaft treffen. Bei Eigenentwicklungen verbleibt die volle Kontrolle über Positionierung, Kosten und Qualität primär beim OEM, allerdings führt das möglicherweise zu den in der Automotive-Branche üblichen langen Entwicklungszyklen, was die Innovationskraft bremst. Wird ein Teil der Wertschöpfungskette extern vergeben, kann schneller und auch effizienter entwickelt werden.

Förderung der Ökosysteme versus Kontrollverlust: Entscheiden sich OEM für die Zusammenarbeit mit digitalen Experten (Open-Shop-Ansatz), sind Chancen und Risiken abzuwägen. So können einerseits digitale Ökosysteme gefördert, Mittel effizient eingesetzt und eine für OEM hohe Dynamik und Innovationskraft erreicht werden, andererseits wird ein Großteil der Wertschöpfungskette in branchenfremde Hände abgegeben. Die Steuerung und Kontrolle wesentlicher Parameter der neuen Geschäftsmodelle werden damit außer Haus gegebenen.

6. **Content-Anbieter müssen neue mediale Brücken ins Auto bauen.**

Im Auto wird heute vor allem Radio gehört oder es werden eigene Musiktitellisten abgespielt. Content-Anbieter müssen ihre Produkte so weiterentwickeln, dass sich der Konsum von digitalen Produkten nahtlos, d. h. ohne Unterbrechung auch im Auto fortsetzen lässt und der spezifischen Nutzungssituation Rechnung trägt. Es geht vor allem um eine intelligente Transformation von Text-Inhalten wie Nachrichten, RSS-Feeds, Tweets, Facebook-Statusnachrichten etc. in Audio-Produkten. Die Ubiquität von Content-Anbietern wie Medienhäusern und sozialen Netzwerken ist nur so Kfz-gerecht.

7. **Das Connected Car öffnet den Zugang für bisher branchenfremde Unternehmen und bietet eine Plattform zur Mitgestaltung des Fahrzeugmarktes.**

Branchenferne Entwickler und Anbieter könnten ein aktiver Teil der automobilen Wertschöpfungskette werden. Das digitale Ökosystem wächst und wird dabei immer komplexer, die Sichtweisen zum Automobil sind jedoch verschieden: OEM sehen das Fahrzeug in erster Linie als Fortbewegungsmittel: Die Aufgabe des Fahrzeugs ist demnach, Personen individuell und möglichst effizient, komfortabel und schnell von A nach B zu befördern. Dies tritt jedoch wegen seiner zunehmenden Selbstverständlichkeit immer weiter in den Hintergrund. Telekommunikationsunternehmen sehen das Fahrzeug hingegen vorrangig als rollendes Mobile-Device: Ähnlich zu anderen Devices benötigt es eine SIM-Karte (vom jeweiligen Anbieter), um die Konnektivität zu gewährleisten. Somit eröffnet das Fahrzeug/Kfz Potenziale als passiver Nutzer sowie aktiver Erzeuger mobiler Datenströme und deren Möglichkeiten. Innovative Digitalunternehmen verstehen das Fahrzeug als „Difth Screen", also als das rollende Äquivalent zu mobilen Devices. Daten nehmen eine entscheidende Rolle ein, um verfügbare Inhalte und deren Abruf sowie die Interaktionsverläufe zwischen Mensch und Maschine auf einer sekundären Verwertungsebene zu betrachten. Der Handel (stationär und als E-Commerce) bildet die letzte Interessengruppe; das Fahrzeug wird hier als weiterer Touchpoint zwischen Kunden und Handel gesehen und bietet entsprechend neue Service- und Verkaufspotenziale – zum Beispiel gestützt von Location Based Services (LBS).

1.3 Neue Kommunikationsmodelle entstehen

Der Begriff der Car-IT leistet mehr als nur das Internet in das Auto zu bringen. Es entstehen neue Kommunikationsmodelle zwischen dem Fahrzeug und vielen anderen Dingen. Man spricht von „Car2X"-Kommunikation, wobei das „X" für Car, Infrastructure oder andere Dinge stehen kann, wie im Folgenden näher erläutert wird.

1.3.1 Car2Car-Kommunikation

Die Car-to-Car-Kommunikation – abgekürzt „C2C" oder im englischsprachigen Raum „Vehicle2Vehicle, kurz V2V" genannt – ist der direkte Informationsaustausch zwischen fahrenden Fahrzeugen. Das Ziel der Car2Car-Kommunikation liegt in der möglichst frühzeitigen Warnung der Fahrzeuginsassen zur Vermeidung von Unfällen und Verhinderung von kritischen Fahrmanövern. Ein weiteres Ziel ist die Optimierung des Verkehrsflusses durch schnellen und frühzeitigen Informationsaustausch über Staus, Stop- and Go-Verkehr oder ungünstige Wetterbedingungen wie Starkregen mit Aquaplaninggefahr oder Glatteis.

Die Funktionsweise von Car2Car basiert auf der Kopplung von Informationen aus Elektrik- und Elektroniksensoren sowie der Vernetzung des Fahrzeugs mit dem Internet. So kann zum Beispiel das Ansprechen des ABS (Anti-Blockier-Systems) oder der schnellen Geschwindigkeitsdrosselung auf Gefahren hindeuten, die per Internet zwischen Fahrzeugen ausgetauscht werden können. Ein typisches Beispiel ist das abrupte Abbremsen eines Fahrzeugs aufgrund eines plötzlichen Hindernisses auf der Straße (zum Beispiel bei Wildwechsel oder wenn spielende Kinder einem Ball hinterherlaufen). Die nachfolgenden Fahrzeuge werden sofort über dieses Hindernis informiert und können so frühzeitig darauf reagieren.

1.3.2 Car2Infrastructure-Kommunikation

Fahrzeuge kommunizieren mit Infrastruktureinrichtungen, wie zum Beispiel Verkehrsleitsystemen oder Ampelsystemen (im englischsprachigen Raum spricht mal von „Verhicle2Roadside" – kurz V2R). Ein neues Geschäftsmodell ist in diesem Umfeld beispielsweise das „pay-as-you-drive", bei dem die Versicherung nur für die gefahrenen Kilometer bezahlt wird. Das automatische Anzeigen und in Zukunft wohl auch das Einparken in freie Parkplätze gehört ebenfalls zum Spektrum Car2Infrastructure.

Weitere Anwendungsfälle von Car2Infrastructure können folgende Kommunikationsmodelle mit Ampeln oder Verkehrsleitsystemen sein:

− Frühes Erkennen und Lesen von Ampelphasen und eine entsprechende Reaktion darauf
− Die Hinweise von „intelligenten" Verkehrsschildern wie Stopp-Zeichen

- Informationen über Staus oder Unfälle auf bestimmten Strecken
- Daten von Sensoren zu Temperatur, Feuchtigkeit und Sichtweite auf Strecken, inklusive entsprechender Warnung an die entsprechenden Assistenzsysteme im Fahrzeug
- Frühzeitige Warnungen, wenn sich Krankenwagen oder Feuerwehrfahrzeuge nähern, um für diese schnellstmöglich eine Notfallgasse freizumachen

1.3.3 Car2Home Kommunikation

Bei der Car2Home-Kommunikation treten das Fahrzeug und alle bestehenden Heimanwendungen in Kontakt. Vor allem Medien, die zu Hause und unterwegs genutzt werden, stehen jetzt auch im Fahrzeug zur Verfügung. Dazu gehören zum Beispiel Musik-Streaming, Hörbücher, Filme oder Fotos aus der heimischen Sammlung.

Auch eine am heimischen Computer oder unterwegs am Tablet geplante Route kann direkt auf das Navigationsgerät im Fahrzeug übertragen werden. Ein sogenanntes „Online-Fahrtenbuch" wird bereits von einigen Autoherstellern angeboten. So kann jede Fahrt automatisch im Hintergrund aufgezeichnet und im Online-Fahrtenbuch abgespeichert werden. Andersherum ist es auch möglich, den Zustand des Fahrzeugs aus der Ferne abzufragen: Per App oder Kundenportal kann man sich über Tank- oder Ölstand, die Innen- und Außentemperatur informieren.

1.3.4 Car2Enterprise

Der Begriff Car2Enterprise umfasst die Kommunikation zwischen Fahrzeugen und Infrastrukturen, die privatwirtschaftlich und kommerziell betrieben werden (im Gegensatz zu Car2Infrastructure, wo es um staatliche und hoheitliche Infrastrukturen handelt). Zu den Car2Enterprise Infrastrukturen zählen unter anderem Autowerkstätten, Parkhäuser, Tankstellen, Hotels und Restaurants. Mögliche Anwendungen können beispielsweise auch die Kommunikation des Fahrzeugs mit einem Parkhaus sein. Hierbei wird geprüft ob – und wenn ja, wo in dem Parkhaus noch ein freier Parkplatz ist. Das Fahrzeug wird dann per Navigation dorthin geführt. Der Bezahlvorgang mit dem Parkhaus kann dann auch automatisiert erfolgen, da genau bekannt ist, welches Fahrzeug wann wie lange geparkt hat.

Funktionsweise von vernetzten Fahrzeugen

2

> **Zusammenfassung**
>
> Nach einer grundsätzlichen Definition des Begriffes „vernetztes Fahrzeug", werden jetzt die Funktionen im Einzelnen erklärt und näher beleuchtet. Die Grundlage bilden dabei die Geschäftsprozesse für die Nutzung von Car IT-Funktionen in vernetzten Fahrzeugen. Die dafür notwendigen IT-Systeme und deren Architektur werden im Anschluss daran erklärt.
>
> Der Hauptfokus liegt auf der Beschreibung der zahlreichen Funktionen, die durch IT im Fahrzeug und mit dem Fahrzeug durch Apps und Kundenportale möglich werden.

2.1 Übersicht aller Beteiligten (User)

Vor dem Einstieg in die Architektur von Car IT-Systemlandschaften werden die Prozessbeteiligten aufgeführt. Dies ist sehr wichtig, da im Bereich Car IT die IT zum ersten Mal in der Automobilindustrie direkt ein Produkt für den Endkunden, sprich den Fahrzeugnutzer, entwickelt und anbietet. Des Weiteren gibt es viele Prozessbeteiligte, die in der Automobilindustrie völlig neu sind und zum ersten Mal direkte Zulieferer eines Automobilproduktes sein werden. Die Tab. 2.1 führt alle Prozessbeteiligten im Umfeld Car IT auf und beschreibt deren Rolle.

Es wird deutlich, dass neben den bisher üblichen und auf jahrelanger Erfahrung fußenden Prozesse auf einmal völlig neue „Player" bei den Autoherstellern auftauchen. Diese strategisch und nachhaltig klug einzubinden ist eine Herausforderung. Neben der Auswahl eines völlig neuen Lieferantentypus aus der Mobilfunk- und IT-Branche steht die Überlegung, wie und mit welchem Fertigungsgrad solche neuen Lieferanten und Kooperationspartner eingebunden werden.

Tab. 2.1 Prozessbeteiligte Car-IT

Prozessbeteiligter (User)	Beschreibung und Rolle
Das Fahrzeug	Das Fahrzeug als Träger der On-Board Unit (OBU), welches die Bedieneinheit für die Nutzung der mobilen Online-Funktionen darstellt.
Der Fahrzeugnutzer	Der Fahrzeugnutzer als der User der Car-IT-Funktionen entweder im Fahrzeug oder auch remote per App auf dem Smartphone oder im Kundenportal per Web-Browser.
Der Content Provider	Der Content Provider ist der Lieferant von Inhalten zur Anzeige oder Anreicherung der Online-Funktionen. Zum Beispiel kann Google den aktuellen Verkehrsfluss („realtime online traffic") via Internet an das Navigationsgerät melden; des Weiteren gibt es zum Beispiel Content Provider für Wettermeldungen von Wetterdiensten wie dem DWD (Deutschen Wetterdienst), Newsmeldungen von Fernsehsendern wie ARD, ZDF, Aktienkurse von n-tv oder Eilmeldungen und andere News von Verlagsredaktionen wie der FAZ oder dem Spiegel.
Der Mobilfunkanbieter (Mobile Network Operator; MNO)	Der Mobilfunkanbieter ist für die Internetverbindung im Fahrzeug verantwortlich. Durch schnelle und hochverfügbare Mobilfunktechnologien wie zum Beispiel LTE kann mittlerweile jederzeit und nahezu flächendeckend in Deutschland eine stabile Internetverbindung im Fahrzeug aufgebaut werden.
Der Autohändler	Autohändler müssen sich mit einer neuen Thematik vertraut machen, die mit dem Fahrzeug auf den ersten Blick nicht viel gemeinsam hat. So werden Elemente aus der Mobilfunkwelt und Funktionen, die von Apps auf dem Smartphone bekannt sind, in Zukunft auch zum Verkaufsgespräch gehören. Auch wird der Autohändler in vielen Fällen erster Ansprechpartner bei der Erklärung der Bedienung von Car IT-Funktionen sein. Das dafür notwendige Wissen sowie der Aftersales-Service müssen komplett neu aufgebaut werden.
Die Autowerkstatt	Die Autowerkstatt hatte bisher die Rolle des Mechanikers inne, der defekte Fahrzeugbauteile austauscht oder repariert. Jetzt kommen vollständig neue Anforderungen auf die Autowerkstatt zu, wenn Fahrzeugnutzer mit möglichen Problemen bei der Nutzung der Online-Funktionen kommen. Dazu sind spezielle Schulungen und vor allem Kundenportale mit Störungsmeldungen nötig, die es dem Autohändler ermöglichen die Probleme einzugrenzen und zu lösen. Probleme mit Apps und der Nutzung des Kundenportals können allerdings kaum von Werkstätten gehandhabt werden; dazu wird es spezifische Call-Center geben, die entsprechenden Support anbieten (siehe den nächsten Punkt).
Das Call-Center	Call-Center haben zwei Funktionen: Zum einen dienen sie dem Fahrer als „Sprachrohr", welches während der Fahrt hilft, die neuen Funktionen im Auto zu nutzen ohne vom Fahren abgelenkt zu werden. Hierbei wird zwischen vollautomatisierten Sprachfunktionen wie zum Beispiel „Siri" von Apple unterschieden und richtigen Call-Centern, die aus dem Fahrzeug angerufen werden und aus dem Call-Center die Car IT-Funktionen starten und Daten ins Fahrzeug (zum Beispiel Navigationsgerät) einspeisen, um den Fahrer zum gewünschten Ziel zu lenken.

(Fortsetzung)

Tab. 2.1 (Fortsetzung)

Prozessbeteiligter (User)	Beschreibung und Rolle
	Des Weiteren sind Call-Center für den internen Betrieb der gesamten IT-Systemlandschaft nötig. Das ist das typische 1st-level-Geschäft auf Basis von Service-Management-Prozessen wie zum Beispiel ITIL.
Der Software-/ Telematik-Anbieter	Die Autohersteller sind aufgrund des schnellen Wachstums und der Neuartigkeit der Car-IT-Funktionen oftmals nicht alleine in der Lage, alle notwendigen IT-Systeme selbst zu entwickeln. Es müssen Produkte aus dem Markt ausgewählt und an die spezifischen Bedürfnisse angepasst (customized) werden. Dazu sind die sogenannten Software- oder Telematik-Provider zuständig.
	Eine ausführliche Übersicht aller notwendigen IT-Systeme wird in Abschn. 2.2.1 dargestellt.
Der Rechenzentrumbetreiber	Der Betrieb der großen und komplexen IT-Systemlandschaft muss in der Cloud stattfinden. Neben den wichtigen IT-Sicherheitsaspekten muss eine Vielzahl von sehr performanten IT-Systemen mit hoher Verfügbarkeit bereitgestellt werden. Dies stellt viele Autohersteller und deren Rechenzentren oder Rechenzentrums-Provider vor große Herausforderungen, denn jegliche Kommunikation aus dem Fahrzeug geht über deren Cloud und muss sicher, leistungsfähig und überall hochverfügbar sein.

2.2 Die IT-Architektur für vernetzte Autos

▶ **Definition und Abgrenzung** Es werden in diesem Zusammenhang keine Navigations-, Audio- oder Telefonmodule dargestellt und analysiert, sondern es geht ausschließlich um die Darstellung der Funktionsweise von mobilen Online-Funktionen, die erst durch die Verbindung des Fahrzeugs mit dem Internet möglich werden. Es gibt natürlich Online-Funktionen, die die bestehenden Navigationsmodule ergänzen und anreichern, beispielsweise mit Online- und Realtime Trafficdaten. Diese gehören dann dieser Definition folgend zu den mobilen Online-Funktionen.

2.2.1 Übersicht Module/Systeme

Bevor die IT-Architektur im Detail entworfen werden kann, müssen alle notwendigen Module und IT-Systeme sowie deren Funktionsweise bekannt sein. Dazu dient die folgende Tab. 2.2. Zentrales Element der Car IT-Architektur ist der Telematik-Server.

Tab. 2.2 Übersicht Module/IT-Systeme

Modul/IT-System	Beschreibung
Cloud-Server oder Backend	Das zentrale System zur Steuerung jeglicher ein- und ausgehenden Kommunikation zwischen Fahrzeug und allen Providern sowie Umsystemen, wie sie im Folgenden dargestellt werden. Man spricht von Cloud-Computing und damit von einem sogenannten Cloud-Server, da diese Kommunikationszentrale alle Verbindungen via Internet herstellt. Oft wird auch der Begriff des Backend benutzt, der beschreiben soll, dass es sich um ein System bzw. Server handelt, der vom Kunden nicht wahrnehmbar ist und im Hintergrund alle „Fäden zieht".
Kundenportal	Ein Kundenportal, in dem ein Fahrzeugnutzer sich primär für die Nutzung der Funktionen registrieren kann. Darüber hinaus sind aber auch viele weitere Funktionen in diesem Kundenportal vorhanden, mit denen der Nutzer Informationen über sein Fahrzeug bekommen und in vielen Fällen sogar Fahrzeugfunktionen direkt ausführen kann (so zum Beispiel das Einstellen der Klimaanlage oder das Schließen des Sonnendaches oder Cabrioverdecks per Kundenportal, wenn es anfängt zu regnen).
	Eine wichtige Funktion ist auch die Registrierung und Autorisierung von Kunden für die Nutzung der Car IT-Funktionen, welche im Kundenportal als auch teilweise per App im Smartphone möglich sind.
App im Smartphone	Der Fahrzeugnutzer hat die Möglichkeit per App mit seinem Smartphone eine Kommunikation zu seinem Fahrzeug aufzubauen und so nicht nur passiv Informationen über den Fahrzeugzustand (Tankinhalt bzw. Reichweite, Diagnoseergebnisse von verschiedenen Steuerelementen) zu erhalten, sondern auch aktiv Fahrzeugkomponenten zu steuern und zu aktivieren. So kann zum Beispiel die Standheizung schon vorab auf eine einzugebende Temperatur vorgeheizt werden, das Sonnendach kann bei Regen per App geschlossen werden und eine Suchfunktion des Fahrzeugs kann aktiviert werden, wenn man nicht mehr weiß, wo man das Fahrzeug genau geparkt hat. Ein Kartendienst führt einen dann per GPS genau zum Fahrzeug.
Call-Center-System	Viele Kunden wollen nicht während der Fahrt in den Menüs am Bildschirm oder Dreh-/Drück-Taster vom Verkehr abgelenkt werden, sondern wünschen sich einen Sprachdialog. Dafür gibt es Call-Center, die einfach per Tastendruck aus der Head-Unit angerufen werden und die benötigten Informationen an das Auto zurückmelden. So informieren sie zum Beispiel über das nächstgelegene Restaurant, die günstigste Tankstelle im Umkreis von 5 km an das Navigationsgerät und können Nachrichten per Email oder SMS nicht nur vorlesen, sondern auch verfassen und abschicken.
Web-Shop	Ein e-commerce-basierter Web-Shop, in dem die Fahrzeugnutzer und Kunden Funktionen erwerben oder löschen bzw. kündigen können.
Payment & Billing	Ein Modul im Backend-Server, dessen Aufgabe die Sicherstellung der Bezahlung und der Rechnungsstellung ist. In den meisten Fällen technisch eingebunden in den o.g. Web-Shop.

(Fortsetzung)

2.2 Die IT-Architektur für vernetzte Autos

Tab. 2.2 (Fortsetzung)

Modul/IT-System	Beschreibung
Contract Management	Ein Modul im Backend-Server, dessen Aufgabe die Speicherung, Pflege und Löschung von Kundenverträgen ist. Der Zugriff erfolgt über ein Kundenportal.
Customer Relationship Management (CRM) System	Zum ersten Mal hat der Autohersteller den direkten Kontakt auf den Endkunden, den Fahrzeugnutzer. Um diese Kundendaten zu verwalten und für Marketing- und Vertriebszwecke nutzbar zu machen, wird in den meisten Fällen ein Customer-Relationship-Management-System (kurz CRM) eingesetzt.

Neben den IT-Systemen oder Servern gibt es eine Vielzahl an Datenbanken zur Speicherung und Auswertung der anfallen Daten. Die wichtigsten Datenbanken sind:

- Kundendatenbank
- Fahrzeugdatenbank
- Datenbanken der Content Provider
- Data Warehouse (zur Analyse und Auswertung von Daten)

Generell muss unterschieden werden zwischen den in vernetzten Fahrzeugen genutzten IT-Systemen und den Elektrik/Elektronik-Komponenten, häufig auch Bauteile genannt. Auf Seiten der Elektrik/Elektronik müssen ergänzend folgende Komponenten bzw. Bauteile genannt werden, um eine vollständige Gesamtarchitektur aller beteiligten Komponenten darstellen zu können:

- Head Unit (HU) oder OnBoard-Unit (OBU): Dies ist die zentrale Bedieneinheit im Auto mit den Tasten für die Navigation, Auto-Einstellungen, Radio/Entertainment, etc.
- CCU oder OCU: Dabei handelt sich um ein elektronisches Steuergerät, welches eine integrierte („embedded") SIM-Karte enthält, um damit die ständige Verbindung zum Internet aus dem Auto heraus zu steuern. „CCU" steht für „Connectivity Control Unit" und ist ein vom Zulieferer Bosch geprägter Begriff in der Automobilindustrie. „OCU" steht für „Online Connectivity Unit" und ist ein von Volkswagen geprägter Begriff für das gleiche Steuergerät.

Bei der Vielzahl der dargestellten IT-Systeme sind sowohl die Schnittstellen innerhalb der IT-Systemlandschaft als auch die zu den angrenzenden Fahrzeugbauteilen oder externen Anbietern die Grundlage für die Erstellung der IT-Architektur. Daher werden in aller Kürze die wesentlichen Schnittstellenpartner aus der Perspektive des zentralen Backend-Servers in Tab. 2.3 betrachtet.

Tab. 2.3 Schnittstellen vom Backend-Server

Schnittstellenpartner	Beschreibung
Mobilfunkanbieter	Man spricht von der sogenannten „over-the-air" Schnittstelle vom Fahrzeug mit eingebauter oder getherter SIM-Karte zum Mobilfunkbetreiber. Diese Schnittstelle ist die wesentliche „Eintrittskarte" in das Internet und damit in die Cloud zum Backend-Server, über den die weiteren Funktionen und Schnittstellenpartner angeschlossen sind.
Fahrzeug	Die Schnittstelle zum Auto ist wesentlich zur Steuerung sowie Informationsabholung und -weitergabe an und aus dem Fahrzeug. Da diese Schnittstelle direkt auf das Fahrzeug zugreift, unterliegt sie besonders hohen Sicherheitsrestriktionen.

2.2.2 Darstellung der Cloud-Funktion und der Architektur

Das Gesamtbild der IT-Systemlandschaft mit allen Systemen, Modulen, Schnittstellen und externen Partnern liefert die IT-Architektur.

Bevor die detaillierte IT-Architektur dargestellt wird, soll die generelle Funktionsweise des zentralen Backend-Systems in der Cloud dargestellt werden. Die Abb. 2.1 gibt einen ersten guten Überblick über die Cloud-Funktionalität mit ihren wesentlichen „Hauptakteuren" Fahrzeug, App, Portal und Content-Provider.

Es ist in der Abb. 2.1 zu erkennen, dass der sogenannte Backend-Server in der Cloud die zentrale „Drehscheibe" für alle Informationen ist. So tauschen zum Beispiel die Frontends wie eine Smartphone-App oder das Web- bzw. Tablet-Portal genauso wie das Fahrzeug alle Informationen mit dem Backend aus. Der Content-Provider, oben rechts in der Abbildung dargestellt, liefert die dazu notwendigen Informationen, die zur Anzeige auf App, Portal oder im Fahrzeug benötigt werden.

> ▶ Eine wesentliche Voraussetzung ist eine skalierbare Car IT-Architektur. Denn aufgrund der enorm kurzen Entwicklungszyklen der Hersteller von Infotainment-Funktionen sowie der ständig wachsenden Nutzerzahlen wird der Traffic im Backend immer mehr zunehmen und alle verbundenen Systeme müssen dieses Wachstum antizipieren, also nach oben skalierbar sein.

In der Abb. 2.1 wird ebenfalls deutlich, welche Funktionen möglich sind. So kann das Fahrzeug zum Beispiel sowohl realtime Navigations- und Trafficdaten anzeigen als auch Content-bezogene Informationen wie Wetter oder Nachrichten. Dies wird ermöglicht durch die Datenlieferung des Content-Providers über die Drehscheibe des Backend-Servers. Die Frontends App und Portal sind in der Lage, neben ebenfalls Content-bezogenen Informationen auch fahrzeugbezogene Informationen zu liefern. Dazu werden via Backend Informationen vom Fahrzeug geholt, die dann von überall beispielsweise per Smartphone-App abrufbar sind (wie die Diagnose des Fahrzeugs etc.).

2.2 Die IT-Architektur für vernetzte Autos

Abb. 2.1 Funktionsweise der Cloud im vernetzten Fahrzeug

Im nächsten Schritt wird die Funktionsebene verlassen und die reine IT-Architektur mit allen verbundenen IT-Systemen dargestellt. Dazu zeigt Abb. 2.2 wieder im Mittelpunkt als Drehscheibe den Backend-Server. Als handelnde Akteure sind der User, in diesem Fall der Nutzer eines Frontends, der Agent des Call-Centers sowie das Fahrzeug dargestellt. Dazu passend gibt es entsprechende Datenbanken, die die Daten des Kunden in der Kundendatenbank und die Fahrzeugdaten in der Fahrzeugdatenbank speichern und verwalten. Darüber hinaus gibt es noch die Datenbank des Content-Providers, welcher die Informationen, sprich den Content, zuliefert. Eine weitere Datenbank ist überschrieben mit „Big Data/DWH". Dies bedeutet, dass es sich um ein Data-Warehouse handelt, in dem Kunden- und Fahrzeugdaten gewonnen werden, die dann aufbereitet,

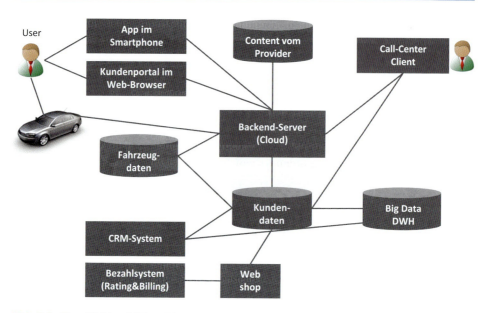

Abb. 2.2 Eine Highlevel IT-Architektur für eine Car IT-Systemlandschaft

analysiert und ausgewertet werden können. Dies kann zu Statistikzwecken erfolgen, aber auch ein sehr gutes Instrument im Bereich Marketing und Vertrieb darstellen. Diese Daten werden für Autohersteller in Zukunft sehr wertvoll sein, da der Endkunde als Fahrzeugnutzer „gläsern" wird und damit optimierte Angebote und additive Geschäftsmodelle möglich werden.

Die Funktion der Frontends mit App und Portal Richtung Backend sind schon aus der Abb. 2.1 bekannt, genauso die Funktionsweise des Content Providers als Informationslieferant via Backend an das Fahrzeug oder die Frontends. Hinzugekommen sind die Speicherung von Kundendaten, die via Portal gewonnen werden sowie die Fahrzeugdaten, die direkt aus dem Fahrzeug gewonnen werden. Eine Besonderheit sind die dynamischen Fahrzeugdaten, die das Kundenverhalten während des Fahrens oder bei der Benutzung der Frontends widerspiegeln. Diese werden in der Fahrzeugdatenbank gespeichert und liefern viel Wissen über die Nutzung der Car-IT-Dienste. Neu in dieser IT-Architektur ist das Call-Center, welches Anrufe aus dem Fahrzeug entgegennehmen kann und als eine Art Sprachbedienung für Car-IT-Funktionen während des Fahrens dienen soll. Der Call-Center-Agent hat direkten Zugriff auf die Kundendaten und via Backend auch auf das Fahrzeug, so dass er zum Beispiel mit Hilfe der GPS-Koordinaten aus dem Fahrzeug dem Kunden den nächstgelegenen sogenannten „point of interest" (also zum Beispiel ein Restaurant, Hotel oder eine Tankstelle) auf das Navigationsgerät schicken kann. Der Kunde respektive Fahrzeugnutzer wird dann direkt zu seinem ausgewählten „point of interest" per Navigationssystem geführt wird.

Weitere IT-Systeme in der Abb. 2.2 sind das CRM (für Customer-Relationship-Management-System), das Abrechnungssystem (Rating & Billing) sowie der Webshop:

- Das *CRM-System* ist für die Kundenverwaltung zuständig. Dazu gehören oftmals die Verwaltung von Kundenverträgen zur Nutzung der Car-IT-Dienste sowie die Ansprache von Kunden zu Marketingzwecken. Die Datenbasis für das CRM-System ist die Kundendatenbank.
- Um die Nutzung der Car-IT-Dienste abrechnen zu können, wird ein *Abrechnungssystem* benötigt. Dieses ist in Anlehnung an die Telekommunikationsbranche in einen Rating- und einen Billing-Teil aufgesplittet. Das Rating summiert die genutzten Car-IT-Funktionen (je nach Geschäftsmodell des Anbieters unterschiedlich) und das Billing sorgt für die ordnungsgemäße Rechnungserstellung.
- Der *Webshop* ist oftmals ein in das Web- oder Tablet-Portal integrierter Bestandteil, in dem die Kunden Car-IT-Funktionen kaufen, kündigen und anzeigen lassen können.

2.3 Übersicht von Car IT-Funktionen im vernetzten Auto

Auf Basis der dargestellten IT-Architektur können zahlreiche neue Funktionen im Auto angeboten werden. Diese Funktionen können nicht mehr nur durch Bedienung der sogenannten „Head-Unit" oder „On-Board-Unit" im Auto aufgerufen werden. Aufgrund der Verbindung des Autos mit dem Internet können diese Funktionen auch unabhängig vom Fahrzeug durch Frontends wie Web-Portale oder Apps bedient werden.

Um die Funktionen im Folgenden übersichtlich darzustellen, wird eine Differenzierung nach folgenden Kriterien vorgenommen (Hinweis: Für komplexere Car IT-Funktion wird ein Prozessfluss zur detaillierten Darstellung der Funktion in Form einer Abbildung dargestellt):

- *Grundlegende Module und Funktionen*: Eine Übersicht der benötigten Module bzw. der Systeme und übergreifenden Funktionen, die vorhanden sein müssen, um die o.g. Car IT Funktionen sinnvoll nutzen zu können.
- *Fahrzeugbezogene Car IT-Funktionen*: Alle Funktionen, bei denen Daten aus dem Fahrzeug benötigt werden.
- *Infotainment-Funktionen*: Alle Funktionen, bei denen die Datenquelle bei externen Service- oder Content-Providern liegt (zum Beispiel Weltnachrichten von Nachrichtenagenturen oder Navigationsdaten von Kartenanbietern).
- *Call-Center-Funktionen*: Alle Funktionen, die sich der Hilfe einer menschlichen Stimme in einem Call-Center bedienen.

2.3.1 Grundlegende Module und Funktionen für das vernetzte Auto

Im Folgenden werden die zur Nutzung von Car IT-Funktionen notwendigen Module vorgestellt, um grundsätzlich zu klären, was zur Nutzung der neuen Car IT-Funktionen neben den schon beschriebenen IT-Systemen benötigt wird.

2.3.1.1 Darstellungs- und Bedienungsmöglichkeiten für Car IT-Funktionen

Als Nutzer hat man mehrere Möglichkeiten zum Aufruf und zur Bedienung der neuen Car IT-Funktionen. So gibt es generell die folgenden vier Optionen:

1. Die On-Board-Unit bzw. das HMI im Auto, die direkt zur Bedienung der Car IT-Funktionen genutzt werden kann
2. Nutzung eines Kundenportals oder Webportals
3. Smartphone-Apps von Autoherstellern oder validierten und freigegebenen Drittanbietern, die auf Smartphones installiert werden und mit denen von überall „remote" diverse Car IT-Funktionen aufgerufen werden können.
4. Ein Call-Center zur sprachbasierten Steuerung der Car IT-Funktionen während des Fahrens

Im Folgenden werden die genannten Anzeigemöglichkeiten für Car-IT-Funktionen ausführlich dargestellt.

2.3.1.1.1 Car-IT-Funktionen auf der On-Board-Unit/HMI

Die OnBoard-Unit bzw. das HMI (Human Machine Interface) ist die zentrale Anzeige- und Displayeinheit im Fahrzeug. Sie wird je nach Hersteller und Modell auf verschiedene Arten gesteuert:

- per Touchscreen direkt auf dem Bildschirm oder auf einem gesonderten Touchpad in der Bedieneinheit
- per Tastenfunktion entweder direkt am Bildschirm oder in der Mittelkonsole untergebracht
- per Dreh-/Drückreglern, die bei BMW zum Beispiel iDrive genannt werden
- per Sprachsteuerung, die via Tastendruck im Lenkrad oder in der Bedieneinheit aktiviert werden kann

Ein Beispiel für eine sehr große On-Board-Unit, die gleichzeitig per Touch bedient werden kann und somit keine Dreh-/Drückregler oder sonstige Tasten mehr benötigt, hat Tesla entwickelt. In dem Model S ist ein 17-Zoll großes Touchdisplay eingebaut mit 1080x1920 Pixeln Auflösung eingebaut. In der Abb. 2.3 das HMI von Tesla dargestellt und es ist gut erkennbar, dass alle Funktionen per Touch sehr leicht zugänglich sind.

Ein anderes Beispiel für ein HMI liefert die Mercedes C-Klasse in der Abb. 2.4. Die dazu gehörige Bedieneinheit befindet sich in der Mittelkonsole und ist in Abb. 2.5 dargestellt. Man erkennt die Touchfläche sowie den Dreh-/Drück-Mechanismus plus Tastern an der Vorderseite und den beiden Seiten rechts und links vom Dreh-/Drückschalter.

Audi als Premiumhersteller aus Deutschland hat neben dem eigentlichen HMI die komplette Cockpitanzeige digitalisiert. Das sogenannte „Virtual Cockpit" im A3 oder TT zeigt damit ein vollständig digitales Display anstatt analoger Tachos. Darüber hinaus zeigt es nicht nur die bisher üblichen Instrumente, sondern kann eine Navigationskarte und alle Car IT-Funktionen komplett abbilden (siehe dazu Abb. 2.6).

2.3 Übersicht von Car IT-Funktionen im vernetzten Auto

Abb. 2.3 Beispiel: HMI Tesla X-Model

Abb. 2.4 HMI Mercedes-Benz C-Klasse

2.3.1.1.2 Car-IT-Funktionen im Web-Portal

Neben der Anzeige auf der OnBoard-Unit im Fahrzeug gibt es auch die Option von überall via Internetbrowser ein Kunden- oder Web-Portal des Autoherstellers oder eines validierten Drittanbieters aufzurufen. In diesem Portal können viele Car IT-Funktionen

Abb. 2.5 Dreh-Drückschalter mit Touchpad in der C-Klasse

Abb. 2.6 Virtual Cockpit von Audi

aufgerufen werden und generelle Informationen zum Fahrzeug oder zu Neuigkeiten des Automobilherstellers in Erfahrung gebracht werden (siehe dazu als Beispiel das Portal „ConnectedDrive" von BMW in Abb. 2.7).

2.3 Übersicht von Car IT-Funktionen im vernetzten Auto

Abb. 2.7 Portal „ConnectedDrive" von BMW

Der Fahrzeugnutzer kann sich mit dem Portal für die Dienste freischalten lassen und neue Dienste buchen oder wieder kündigen. Dazu muss er seine Kontaktdaten freigeben. Für den Automobilhersteller ist dies erstmals die Möglichkeit einen direkten Kontakt zum Fahrzeugnutzer ohne Beteiligung eines Händlers herzustellen und über den gesamten Nutzungszeitraum aufrecht zu erhalten.

Hier kommt das Thema „Big Data" ins Spiel. Denn mit dem Wissen, welcher Kunde in einem Fahrzeug fährt, können viele seiner Vorlieben analysiert werden. Durch sogenannte fahrzeugbezogene Daten kann herausgefunden werden, welche Funktionen den Kunden besonders interessieren, an welche Ort er gerne fährt, welche Restaurant oder Hotels er gerne anfährt und in sein Navigationssystem eingibt oder per Information-Call erfragt. Das sind alles wertvolle Daten, die für exakt zugeschnittene, weitere Angebote an den Kunden genutzt werden können.

Im Grunde ist man hier noch sehr in den Anfängen einer völlig neuen Kundenbeziehung zwischen Fahrzeugnutzer und Automobilhersteller. Es werden sich damit viele neue Geschäftsmodelle für Automobilhersteller ergeben, die einen großen Nutzen für den Kunden darstellen können, aber vor allem ein sehr großes und völlig neues Marktpotenzial für die Automobilhersteller.

2.3.1.1.3 Car-IT-Funktionen auf der Smartphone-App

Insbesondere bei der Nutzung von Smartphone-Apps bedienen sich die Autohersteller als App-Entwickler bei den bekannten Konzepten aus der digitalen Welt von Apple, Google & Co. In deren App-Stores kann die Fahrzeug- und Smartphone-Nutzer auf leichte und bekannte Weise die Fahrzeug-Apps laden.

Generell ist es so, dass zur Bedienung von Car IT-Funktionen spezifische Apps von Autoherstellern oder Drittanbietern (sog. native Fahrzeug-Apps) bereitgestellt werden. Man kann aber auch viele bekannte Apps aus dem Apple-iTunes-Store oder Google-Play installieren, die mit dem Fahrzeug kommunizieren können (sogenannte 3rd-Party-Apps). Wann eine 3rd-Party-App für Fahrzeuge zugelassen wird, entscheiden die Autohersteller zumeist auf Basis einer möglichst ablenkungsfreien Bedienbarkeit sowie der Kompatibilität zu den Bauteilen des Autoherstellers sowie von Sicherheitsaspekten. Denn die Apps zur Bedienung von Car IT-Funktionen werden über die fest eingebauten Bauteile des Autoherstellers (Dreh-Drück-Knopf oder ähnliche Bedieneinheiten im Fahrzeug) ausgeführt. Des Weiteren sind die Apps zur Darstellung des Menüs und der Schriften an die jeweilige On-Board-Unit, sprich den Monitor im Fahrzeug angepasst.

Um diese Standards zu wahren, haben viele Autohersteller bereits spezielle Software-Entwicklungsumgebungen für die Programmierer solcher 3rd-Party-Apps bereitgestellt. Die Prüfung und Abnahme der Apps erfolgt häufig direkt über den Autohersteller und Updates können jederzeit aus dem entsprechenden „App-Store" bezogen werden – so wie man es bereits von iTunes und Google-Play kennt und gewohnt ist.

Generell können eine Vielzahl von Car IT-Funktionen remote per App ausgeführt werden. Dazu zählen, die im folgenden Kapitel Abschn. 2.3.2 dargestellten Funktionen wie zum Beispiel der Fahrzeugstatus, die letzte Parkposition, um ihr Fahrzeug schnell wiederzufinden oder auch die letzten Fahrdaten und das Batteriemanagement bei elektrobetriebenen Fahrzeugen. Beispielhaft wird eine solche App in Abb. 2.8 dargestellt. Diese zeigt das Energie- bzw. Batteriemanagement einer B-Klasse Electric Drive von Mercedes.

2.3.1.1.4 Car-IT-Funktionen via Call-Center

Bestimmte Car-IT-Funktionen werden über die sogenannte Call-Center-Funktion bedient. Dabei handelt es sich zumeist um Funktionen, die während der Fahrt schwer zu bedienen sind und somit ein potentielles Sicherheitsrisiko darstellen.

Beispielhafte Funktionen sind die Suche nach einem bestimmten Restaurant, Hotel oder einer Tankstelle. Diese Suche wird oftmals „Information-Call" oder „POI-Search" (POI steht für point of interest) genannt. Dabei wird mittels Tastendruck eine automatische Verbindung zum Call Center aufgebaut. Der Agent meldet sich und fragt nach dem gesuchten Kategorie (Restaurant, Hotel, etc.) und den gewünschten Besonderheiten dieses Ziels (zum Beispiel nur mindestens 4-Sterne-Hotels im Umkreis von 10 km von wo ich gerade fahre). Der Agent sucht nun nach dem entsprechenden Zieloptionen, schlägt diese dem Fahrer vor und der kann sich für eine Option entscheiden, die dann automatisch an das Navigationssystem zur Zielführung weitergegeben wird.

2.3 Übersicht von Car IT-Funktionen im vernetzten Auto

Abb. 2.8 App zur Informationsanzeige bei Elektrofahrzeugen (hier: B-Klasse von Mercedes)

2.3.1.2 „MirrorLink", „CarPlay" und „Android Auto"

Mirrorlink ist ein offener Standard, der die Funktionen von Smartphones ins Auto holt, indem sie diese auf das On-Board-Display „spiegelt". Das Smartphone wird per USB, Wi-Fi oder Bluetooth mit dem Fahrzeug verbunden, dann stehen MirrorLink-kompatible Apps zur Verfügung. Als Funktionseinheit im Auto fungiert das Touchdisplay der On-Board-Unit im Armaturenbrett. Über dieses lassen sich bequem per Fingertouch Funktionen und Inhalte des Smartphones aufrufen und steuern. Praktisch alles, was auf dem Smartphone läuft, lässt sich per Mirrorlink auf das Display der On-Board-Unit übertragen. Dank der großen Zahl an verfügbaren Apps – zum Beispiel Aupeo!, Glympse, miRoamer, ParkoPedia und viele mehr stehen in App-Stores bereit – muss man sich bei deren Bedienung nicht umgewöhnen. Mirrorlink ist mit Stand Anfang 2015 für Nokia Symbian Smartphones, Sony Xperia der Z-Serie und Google Android Smartphones verfügbar.

Zum automobilen Saisonstart 2014 präsentierte Apple mit CarPlay ein „iOS in the Car"-System, das den Zugriff aufs iPhone direkt vom automobilen Cockpit aus ermöglicht (siehe Abb. 2.9). CarPlay ist Apples Antwort auf Mirrorlink und die Bemühungen der Autohersteller, mit proprietären Lösungen Apps vom Smartphone auf den großen Bordmonitor zu übertragen.

Abb. 2.9 Apple Carplay

Car Play geht sogar weiter: Es spielt die Apps nicht einfach ein, sondern hat ein eigenes Layout und Steuerelemente speziell für die Benutzung im Auto (Stimme, Knöpfe und Touchscreen-Bedienung). Besitzer eines iPhone mit Lightning-Schnittstelle können mit Apple CarPlay alle wichtigen Funktionen ihres Smartphones sicher und bequem während der Fahrt nutzen. Kernelement der Steuerung ist Apples Sprachsteuerung Siri, mit deren Hilfe der Fahrer Anrufe tätigen, Textnachrichten empfangen und verschicken, mit Apple Maps navigieren, Streamingdienste nutzen sowie Titel aus der iTunes-Bibliothek abspielen und mit Apple CarPlay kompatible Apps nutzen kann. Die Verwendung der Siri Spracherkennung und das große Display im Fahrzeug stellen sicher, dass die Aufmerksamkeit auf die Straße gerichtet bleibt.

Google überlässt Apple das Feld natürlich nicht kampflos und so gibt es einen Google-Standard namens „Android Auto", der Mitte 2014 auf der Google I/O der Öffentlichkeit vorgestellt. Alle mit Android-Betriebssystemen ausgestatte Smartphones können freigegebene Apps in der On-Board-Unit des Fahrzeugs darstellen und über die entsprechenden Instrumente im Auto steuern. Als Apps aus dem Google-Store stehen so bekannte Programme wie Google Maps, Google Play Music, Pandora Radio oder Spotify zur Verfügung.

Mit der Veröffentlichung des entsprechenden Firmware-Updates bieten Hersteller von Unterhaltungselektronik auch Geräte für den Nachrüst- und Zubehörmarkt an, die Apple CarPlay oder Android Auto von Google unterstützen.

2.3.1.3 Online-Updates
Bisher war es oft so, dass versierte Fahrzeugnutzer sich ein Kartenupdate für das Navigationssystem teuer auf CD-ROM oder per USB-Stick gekauft haben und dann umständlich im Fahrzeug installieren mussten, um aktuelle Straßenkarten zu erhalten. Heute können nicht nur Karten durch die Vernetzung des Fahrzeugs mit dem Internet aktualisiert

werden, sondern das vollständige Bediensystem im Fahrzeug kann sich selbständig auf den neuesten Stand bringen.

So können nicht nur spät entdeckte Fehler schnell behoben werden, sondern im langen Lebenszyklus des Fahrzeugs ständig neue Versionen aller Car IT-Funktionen aufgespielt werden. Das war bisher nicht möglich, da man die komplette Hardware austauschen musste, was nun nicht mehr nötig ist.

2.3.1.4 WLAN-Hotspot im Fahrzeug
Die meisten vernetzten Fahrzeuge bieten die Funktion eines WLAN-Hotspots an. Das heißt, dass Fahrzeuginsassen, die nicht am Steuer sitzen, sich per WLAN in das Internet einloggen und online im Fahrzeug surfen können. Diese Funktion macht das Internet endgültig vollständig automobil!

2.3.1.5 Die Registrierung als Nutzer und die Freischaltung von Car IT-Funktionen
Eine wesentliche Voraussetzung zur Nutzung von Car IT-Funktionen ist die Registrierung und Freischaltung als Nutzer (User). Da mit Car IT-Funktionen nicht nur der Autohersteller, sondern auch die Content Provider Geld verdienen wollen, werden neue Geschäftsmodelle in der Nutzung eines Autos Einzug erhalten. Eines davon ist, dass der Fahrzeugnutzer sich im Fahrzeug anmelden muss, um seine persönlichen Car IT-Funktionen nutzen zu können.

Dazu gibt es im Wesentlichen drei Kernprozesse:

Freischaltung und Aktivierung der Car IT-Funktionen im Fahrzeug
Nachdem das Fahrzeug beim Autohersteller gebaut wurde, muss es für die Nutzung von Car-IT-Funktionen freigeschaltet bzw. aktiviert werden. Dies geschieht mit Hilfe der einmaligen Freischaltung der SIM-Karte im Fahrzeug beim Kauf durch den Autohändler oder direkt in der Produktion des Automobilherstellers (siehe dazu die verschiedenen Möglichkeiten der Nutzung von Mobilfunkdiensten im Fahrzeug unter Abschn. 1.1.3).

Registrierung und Nutzung der Car IT-Funktionen für den Nutzer
Nachdem das Fahrzeug freigeschaltet wurde, beginnt jetzt der detaillierte Kernprozess der Registrierung und Nutzung der Car IT-Funktionen. Dazu muss sich nach dem Kauf eines Fahrzeugs der Nutzer zunächst über ein Kundenportal registrieren. Dazu sind im Kundenportal die Stammdaten des Fahrzeugnutzers einzugeben inklusive eines eindeutigen Anmeldenamens (User-ID) und eines Passwortes. Weiterhin ist es erforderlich, dass dieser Fahrzeugnutzer sich bei der ersten Nutzung seines Fahrzeugs verbindet, welches nach den Regeln des ersten Kernprozesses aktiviert und freigeschaltet sein muss.

Nachdem der Fahrzeugnutzer registriert wurde, kann er sich jederzeit in seinem Fahrzeug anmelden, um die Car IT-Funktionen zu nutzen. Diese Anmeldung erfolgt mit Hilfe einer User-ID und eines Passworts, welches bei der Registrierung vergeben wurde (wie oben beschrieben). In manchen Fällen reicht auch eine ID zur Authentifizierung aus. Wenn der Fahrzeugnutzer sich einmal im Fahrzeug direkt an der Head-Unit (HU) angemeldet hat, so bleibt diese Anmeldung bestehen und wird gespeichert, so dass er sich nicht bei jeder neuen Nutzung erneut anmelden muss.

Kündigung bzw. Wechsel der Funktionsnutzung
Wenn der Kunde die Funktionen nicht weiter nutzen möchte bzw. sein Fahrzeug wechselt (z. B. verkauft), dann müssen die gebuchten Car IT-Funktionen abbestellt und auf Wunsch kann das gesamte Nutzerprofil, sprich die Kundenstammdaten, gelöscht werden. Dies geschieht über das Kundenportal oder durch schriftliche Kündigung beim Autohersteller.

2.3.2 Fahrzeugbezogene Car IT-Funktionen

Die fahrzeugbezogenen Car IT-Funktionen sind Applikationen, die tatsächlich die Verknüpfung des Fahrzeugs mit dem Internet ermöglichen und darüber hinaus aktuelle Daten aus dem Fahrzeug inkludieren. Damit ist es auch möglich per App oder Web-Kundenportal von irgendeinem Ort Kontakt zum Fahrzeug aufzubauen.

2.3.2.1 Der Fahrzeugzustand/Die Fahrzeugdiagnose
Der Fahrzeugzustand ist heute in vielen Fahrzeugen in der Mitte der Armatur oder in der On-Board-Unit abrufbar, durch Car IT ist es aber möglich diese Informationen von überall remote per App oder Portalfunktion aufzurufen. Zu dieser Car IT-Funktion können beispielhaft die folgenden Daten gehören:

– Aktuelle Reichweite des Fahrzeugs auf Basis des aktuellen Befüllungsstandes des Tanks sowie der bisherigen Fahrweise
– Sind alle Türen geschlossen?
– Ist das Sonnendach geschlossen oder offen?
– Diagnosestatus aller elektrischen Steuergeräte (angefangen vom Batterieladestatus bei Elektroautos bis hin zur Darstellung des Ölstandes oder der Funktionstüchtigkeit von Lampen, Airbags etc.)
– Anzeige der letzten Inspektionen und deren Ergebnisse
– Anzeige, wann eine Inspektion ansteht

Diese Funktionen sind im ersten Schritt passiv; passiv in dem Sinne, dass niemand eingreifen und diese Funktionen bzw. deren Ergebnisse ändern und manipulieren kann. Aktiv werden diese Funktionen im nächsten Schritt: Der Steuerung des Fahrzeugs per App oder Kundenportal.

2.3.2.2 Fernsteuerung des Fahrzeugs per App oder Kundenportal

Neben dem aufgezeigten Abruf der Diagnose des Fahrzeugs und seines Zustands ist man als Fahrzeugnutzer auch in der Lage, das Fahrzeug per App oder Kundenportal fernzusteuern. Dies bedeutet, dass die App als eine Art Fernbedienung für das Fahrzeug dienen kann, unabhängig davon, wo man sich aufhält, vorausgesetzt es besteht ein Zugang zum Internet.

Typische Car IT-Funktionen zur Fernsteuerung sind zum Beispiel:

- Klimatisierung des Fahrzeugs
- Hupen und Lichthupe
- Öffnen bzw. Schließen der Türen
- Verschließen und Aufschließen der Türen Ihres Fahrzeugs
- Regeln der Geschwindigkeit bzw. Alarmierung, falls eine voreingestellte Geschwindigkeit überschritten wird
- Die Remote-Klimatisierung des Fahrzeugs
- Das Öffnen oder Schließen des Sonnendaches

Alle diese Funktionen sind auf einer App für ein Smartphone oder via Portal im Internetbrowser abrufbar.

Gerade das Schließen des Sonnendaches per App, wenn es anfängt zu regnen oder die aus der Ferne ausgelöste Hupfunktion zum Auffinden des Fahrzeugs können sehr hilfreiche Funktionen sein. Wichtig bei diesem aktiven Eingriff in das Fahrzeug ist die Sicherheit. Es muss über den Registrierungsprozess (siehe Abschn. 2.3.1.5) für die Nutzung der Car IT-Funktionen sichergestellt sein, dass nur ein bestimmter User mit User-ID und Passwort diese Funktionen für sein Fahrzeug durchführen kann. Darüber hinaus muss die App oder der Zugriff auf das Kundenportal vor unbefugtem Zugriff professionell geschützt sein.

Die Abb. 2.10 zeigt im Rahmen eines Prozessschaubildes wie die beispielhafte Funktion des Schließens bzw. Öffnens des Sonnendaches per App funktioniert.

2.3.2.3 Auffinden eines Fahrzeugs/Ermitteln der Parkposition

Durch die Vernetzung des Fahrzeugs ist es möglich, ein Fahrzeug zu orten und aufzufinden. Dabei ist eine Kopplung mehrerer Funktionen nötig:

- GPS-Signal
- Karten-/Navigationsdienst (zum Beispiel Google Maps)
- Der Vernetzung des Fahrzeugs mit dem Internet (Zugang zum Fahrzeug via Internet)

Mit diesem Dreiklang ist es möglich, per App oder online das Fahrzeug aufzufinden und auch bestimmte Funktionen im Fahrzeug zu sperren, so dass kein Dritter das Fahrzeug bewegen oder etwas damit anfangen kann.

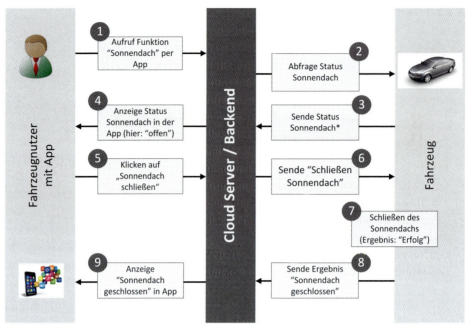

• Ergebnis, ob Sonnendach aktuell geöffnet oder geschlossen ist

Abb. 2.10 Prozessfluss „Fernsteuerung des Fahrzeugs: Öffnen/Schließen des Sonnendaches per App"

2.3.2.4 Spezielle Car IT-Funktionen für Elektrofahrzeuge

Für Elektrofahrzeuge gibt es eine ganze Reihe an spezifischen Car IT-Funktionen für das Energiemanagement aus der Ferne per App oder Portal. Dazu gehören insbesondere:

- Anzeige des Batterieladestatus: Es wird bequem von überall per App der aktuelle Status der Batterien angezeigt inklusive noch möglicher Reichweite.
- Laden der Batterie: Der Ladevorgang kann per App oder Portal gestartet bzw. gestoppt werden. Dabei werden das Ladelevel und die Restreichweite angezeigt. Sobald das Fahrzeug lädt, lässt sich hier auch die verbleibende Ladezeit ablesen.
- Das Fahrverhalten: Ebenfalls per App oder Portal werden Informationen über den Verbrauch, die Rekuperation sowie weitere elektrische Verbrauchern angezeigt, wie zum Beispiel die Klimaanlage oder das Radio.
- Sonstige Fahrzeuginformationen: Hier werden Informationen angezeigt, die darüber Auskunft geben, ob das Licht noch eingeschaltet ist, welche Distanz bereits zurückgelegt wurde in welcher Zeit und verschiedene statistische Informationen, die dem Fahrer helfen, die Reichweite und Nutzung des Energiemanagement des Fahrzeugs zu optimieren.

Beispielhaft ist das Energiemanagement des Audi A3 e-tron mit der Audi-Connect-App in Abb. 2.11 dargestellt.

2.3 Übersicht von Car IT-Funktionen im vernetzten Auto

Abb. 2.11 Beispielhaftes Energiemanagement per App eines Audi A3 e-trons

2.3.3 Infotainment-Funktionen

Eine große Vielfalt an Infotainment-Funktionen hat Einzug in das Fahrzeug erhalten. Durch die ständige Verbindung des Fahrzeugs mit der Cloud des jeweiligen Autoherstellers können Inhalte von bekannten Social Media-Anbietern auf die On-Board-Unit gebracht werden. Dazu zählen Facebook und Google, aber auch bekannte Nachrichten- oder Wetteranbieter. Diese Funktionen können durch die Kopplung mit Fahrzeugdaten angereichert werden und damit einen noch wertvolleren Dienst für den Fahrzeugnutzer, die Content-Provider und den OEM bedeuten.

2.3.3.1 Real-Time-Traffic

Beispielhaft sei die Funktion „Google Maps" genannt, die im Internet Realtime-Traffic-Daten anbietet (die sogenannte „Verkehrslage") und diese direkt in die On-Board-Unit des Fahrzeugs integrieren kann. Das entspricht einer Weiterentwicklung des bisherigen TMC und der Radio-Staumeldungen, die jetzt wesentlich aktueller und genauer darstellbar sind. Damit sind Reaktionen auf aufkommende Staus oder Hindernisse jetzt wesentlich frühzeitiger, genauer und damit für alle Verkehrsteilnehmer effizienter umgehbar.

Große Automobilhersteller wie zum Beispiel Volkswagen oder Toyota wären aufgrund der Vielzahl an verkauften Fahrzeugen auch in der Lage eine aktuelle Verkehrssituation sehr genau zu berechnen. Aktuell steckt dieses Thema noch in den Kinderschuhen, aber es

Abb. 2.12 Social Media und Nachrichten bei Audi Connect

gibt erste Versuche und so kann auf Basis von diesen sogenannten Schwarmdaten in Zukunft ein intelligentes Verkehrsmanagement möglich sein, welches die ständig aktuellen Daten an die internen Fahrzeugsysteme zur Steuerung weitergibt (dazu mehr in den Kapiteln zum „autonomen Fahren" ab Kap. 4).

2.3.3.2 Social Content: Facebook & Co. im Fahrzeug

Es ist möglich in der On-Board-Unit Apps aufzurufen, die Social Content beinhalten. Dazu zählen zum Beispiel Facebook, Twitter, aber auch Email-Funktionen. Wertvoll allerdings machen solche Apps erst die vollständige Integration in die On-Board-Unit, wenn:

– Nachrichten vorgelesen werden können
– Neue Nachrichten diktiert und abgeschickt werden können

Dieses dient der Sicherheit beim Fahren und soll bewirken, dass der Fahrer nicht vom Verkehr abgelenkt wird. Die Abb. 2.12 zeigt beispielhaft wie solche Social Media oder Nachrichtendienste in einem Audi angezeigt werden.

2.3.3.3 Wetter, Nachrichten und sonstige Content-basierende Funktionen

Neben den auf dem Smartphone typischen Content-Apps wie Nachrichten oder Wetter werden oftmals folgende Content-Inhalte angeboten, die direkt auf der Onboard-Unit angezeigt werden können:

– Regen-Radar (ideal für frühzeitige Warnungen bzgl. zum Beispiel Aquaplaning-Gefahren)

2.3 Übersicht von Car IT-Funktionen im vernetzten Auto

Abb. 2.13 Content-bezogene Car IT-Funktionen bei Mercedes Comand Online

- Fußball-/Sportnachrichten (z. B. Kicker App)
- Zugriff auf Reiseführer
- Wechselkurse des Landes in welches man gerade reist oder in welchem sich gerade befindet
- Kennzeichensuche

Auch hier wird aus Sicherheitsgründen eine Sprachfunktion angeboten. Ein Beispiel für die Auswahl von solchen Content-bezogenen Car IT-Funktionen zeigt Abb. 2.13 (Mercedes Benz mit dem System „Comand Online" in einer C-Klasse).

2.3.3.4 Ortsbezogene Funktionen
Die gerade dargestellten Nachrichten- und Content-Funktionen können durch das GPS-Signal des Fahrzeugs angereichert und damit zu ortsbezogenen Informationen oder Suchfunktionen ausgebaut werden. Dazu zählen zum Beispiel folgende Funktionen:

- Restaurantsuche
- Hotelsuche
- Tankstellensuche inkl. der gerade aktuellen und Kraftstoffpreise
- Apothekensuche
- Flughafensuche inklusive Informationen zu Echtzeit-Ankunfts- und Abflugzeiten
- Webcams sowie Bilder vom Zielort (durch zum Beispiel Google Panoramio oder Google StreetView)
- Post-Filialsuche
- Geldautomatensuche
- Parkplatzsuche

Beispielhaft sei die Funktion der Tankstellensuche dargestellt:

Das Fahrzeug erkennt den Füllstand des Tanks und warnt bei Überschreiten eines Limits per Anzeige in der Onboard-Unit, dass der Tank in angenommen 50 km leer sein wird. Der Fahrzeugnutzer kann jetzt die Funktion starten, die alle Tankstellen auf seiner Route scannt und über einen spezifischen Content-Provider die jeweils aktuellen Treibstoffpreise für die einzelnen Tankstellen aus der Cloud bzw. dem Internet abfragt. Der Fahrzeugnutzer bekommt – je nach Auswahl günstigste Tankstelle oder nächstgelegene Tankstelle – die entsprechenden Top-3 angezeigt. Nach Auswahl der für ihn am besten passenden Tankstelle werden die GPS-Informationen der Tankstelle an das Navigationssystem weitergegeben und die Routenführung führt den Fahrzeugnutzer automatische zu seiner ausgewählten Tankstelle.

Ein weiteres Beispiel für eine ortsbezogene Car IT-Funktion ist die Parkplatzsuche, die eine große Hilfe in nicht bekannten Umgebungen und Städten darstellt. Der Prozessablauf dieser Funktion ist in Abb. 2.14 dargestellt.

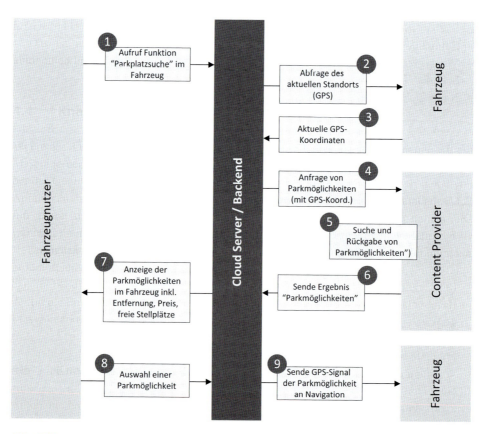

Abb. 2.14 Prozessfluss „Ortsbezogene Car IT-Funktionen: Parkplatzsuche"

Basierend auf der aktuellen Fahrzeugposition, Zielposition oder Favoriten können auch während der Fahrt Parkmöglichkeiten im Umkreis gesucht werden. Zu jeder Parkmöglichkeit wird die Stellplatzkapazität angezeigt sowie nützliche Zusatzinformationen wie Parkgebühren, Art des Parkplatzes, Kontaktinformationen und Öffnungszeiten. Bei Bedarf lässt sich eine telefonische Verbindung herstellen. Für viele Parkmöglichkeiten stehen sofort Informationen bereit, wie viele Stellplätze gerade frei sind.

Manche Car IT-Funktionen können darüber hinaus wertvolle Zusatzinformationen aus dem Internet von spezifischen Content-Providern zuliefern. So können zum Beispiel bei der Suche nach Restaurants folgende Informationen und Aktionen abgerufen werden:

– Öffnungszeiten (hat das Restaurant aktuell geöffnet?)
– Online Tischreservierung
– Empfehlungen/Bewertungen von anderen Nutzern

Solche Zusatzfunktionen sind oftmals direkt via Onboard-Unit steuerbar, zur einfacheren und sichereren Handhabung werden solche Dienste aber zumeist über ein Call Center gesteuert. Die Vielzahl an Informationen und Fragen kann sicherer im sprachlichen Dialog mit einem anderen Menschen beantwortet werden.

2.3.4 Call-Center bezogene Funktionen

Neben der Steuerung und dem Informationsabruf per App oder Kundenportal, kann auch bei fast allen großen Automobilherstellern ein sogenannter „Concierge Service" in Anspruch genommen werden. Dies ist ein Dienst, der den Fahrzeugnutzer direkt mit einem Call Center verbindet. Dort können sehr einfach und ohne während der Fahrt von der Bedienung der Head-Unit abgelenkt zu sein, per Sprachsteuerung Informationen abgerufen und auch Steuerungen und Funktionen ausgeführt werden.

Es sind in den meisten Modellen drei Arten von Call-Center bezogenen Funktionen möglich, die alle per Taste aufrufbar sind (siehe dazu beispielhaft das sogenannte 3-Tasten-Modul von Mercedes in Abb. 2.15):

– Der „I(nformation) Call": Der Taster ist mit einem „i" für Information gekennzeichnet
– Der „B(reak down) Call": Der Taster ist in den meisten Fällen mit einem Werkzeugschlüssel gekennzeichnet
– Der „E(mergency) Call": Der Taster ist mit dem „SOS"-Symbol gekennzeichnet

2.3.4.1 Die Suche nach einem „Point of Interest (POI)" oder „I(nformation)-Call"

Die sogenannte „POI-Suche" erfolgt über eine Taste in der Head-Unit, wobei „POI" für „point of interest" steht, also für die Suche nach einem aus verschiedenen Gründen

Abb. 2.15 Das 3-Tasten-Modul für Call-Funktionen von Mercedes Comand Online

interessanten Ort. Dies kann das nächstgelegene italienische Restaurant sein, genauso aber auch der nächstgelegene Arzt, Kirchen, Denkmäler etc. Man spricht bei dieser Funktion von einem typischen „Concierge-Service", der individuelle Wünsche erfüllt. Das Navigationssystem führt den Fahrzeugnutzer dann zu seinem Ziel.

Die Funktionsweise ist folgendermaßen:

- Der Fahrzeugnutzer betätigt den Taster „POI-Suche" oder bei manchen Autoherstellern „i" (für „I"nformation).
- Es wird eine automatische Verbindung zum Call-Center aufgebaut.
- Die aktuellen GPS-Koordinaten werden dem Call-Center übermittelt.
- Der Call-Center-Agent fragt den Fahrzeugnutzer nach der gewünschten Suche.
- Es werden dem Fahrzeugnutzer zum Beispiel die bei Google gefundenen Ergebnisse präsentiert und er kann eine davon auswählen.
- Die Zielkoordinaten werden aus dem Call-Center direkt in das Navigationssystem übertragen und der Fahrzeugnutzer wird zu seinem Ziel geführt.

Die Abb. 2.16 zeigt die Funktionsweise mit Hilfe eines Prozess-Schaubildes und aller beteiligten Systeme bzw. Komponenten.

2.3.4.2 Automatischer Notruf oder „E(mergency)-Call"

Der sogenannte „E-Call" ist eine Funktion, die von der Europäischen Union (EU) verpflichtend für alle in der EU zugelassenen Fahrzeuge ab Oktober 2015 vorgeschrieben wird [2].

Es handelt sich um eine Funktion, die bei einem Unfall vollautomatisch Hilfe an den Unfallort anfordert. Ein Unfall wird durch die sogenannten Crash-Sensoren im Fahrzeug automatisch registriert und sofort – je nach Autohersteller und Modell – entweder eine

2.3 Übersicht von Car IT-Funktionen im vernetzten Auto

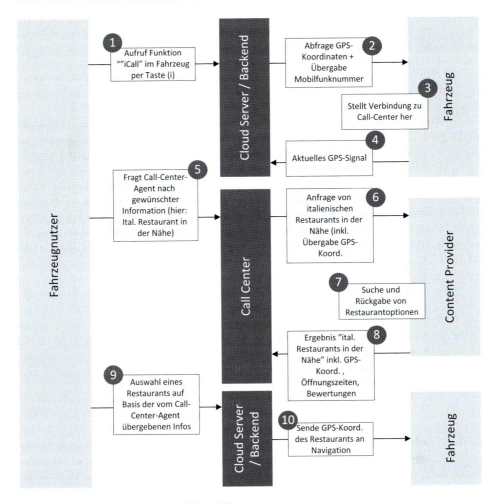

Abb. 2.16 POI-Suche als Prozess-Schaubild

Verbindung zur nächsten Rettungsleitstelle oder in das Call-Center des jeweiligen Autoherstellers aufgebaut. Im Fall des Call-Centers nimmt der Call-Center-Agent Kontakt mit dem Fahrzeugnutzer oder den anderen Insassen auf und erkundigt sich nach deren Befinden. Gleichzeitig werden dem Call-Center-Agent alle rettungsrelevanten Daten aus dem Fahrzeug in das Call-Center gesendet. Das Call-Center oder die Rettungsleitstelle sind somit in der Lage, den Unfall genau einzuschätzen. Es werden nämlich folgende Daten aus dem Fahrzeug vollautomatisch übermittelt:

– Fahrzeugmodell und/oder -typ
– Welche und wie viele Airbags ausgelöst wurden
– Zeitpunkt des Unfalls

– Standort des Fahrzeugs (via GPS-Koordinaten) und in welcher Fahrtrichtung das Fahrzeug steht (wichtig für Autobahnen).

Mit Hilfe dieser Vielzahl an Informationen ist die nächstgelegene Rettungsleitstelle optimal vorbereitet für die Bergung und kann schon vorab gezielte medizinische Vorsorgemaßnahmen treffen.

Die E-Call-Funktion muss bei allen Autoherstellern so in das Fahrzeug integriert werden, dass sie per Tastendruck manuell ausgeführt werden kann. Damit soll sichergestellt werden, dass Unfallhilfe für andere Verkehrsteilnehmer schnell und unkompliziert ermöglicht werden kann.

2.3.4.3 Der Pannen-Notruf oder „B(reak Down)-Call"

Ganz ähnlich dem E-Call funktioniert auch der sogenannte „Break-Down-Call", kurz „B-Call" genannt. Der Unterschied besteht darin, dass nicht bei einem Unfall, sondern bei einer Motorstörung oder einem so gravierenden Problem, dass nicht mehr weitergefahren werden kann, ein Notruf an die nächste Werkstatt erfolgt. Dies erfolgt nicht automatisch, sondern bei den meisten Modellen gibt es dazu einen entsprechenden Knopf bzw. Taster.

Beispiele von Car IT-Funktionen bei Premiumherstellern

3

> **Zusammenfassung**
>
> Um die neuen Car-IT Funktionen im direkten Kontext eines Fahrzeugmodells anschaulich zu machen, werden im Folgenden zwei Beispiele für Car IT Funktionen von den Automobilherstellern Audi und BMW vorgestellt.
>
> Es werden die bereits in Abschn. 2.3 dargestellten Car IT-Funktionen als Basis zur Darstellung der Hersteller-spezifischen Dienste genutzt.

3.1 Audi Q7 mit Connect und MMI plus

Als Beispiel aus dem Hause Audi dient der Audi Q7 mit voraussichtlichem Produktionsstart im Juni 2015 (siehe dazu Abb. 3.1). Dort werden zum ersten Mal neben den bekannten Infotainmentdiensten von Audi connect auch die sogenannten Fahrzeugsteuerungsdienste sowie „Audi connect Notruf & Service" integriert sein. Hinzu kommt, dass Audi im neuen Q7 erstmalig mit Hilfe des sogenannten „smartphone interface" die Fahrzeugnutzung des iPhone via „Apple Car Play" und des Androidbasierten Smartphones mit „Google Android Auto" anbietet. Diese Dienste sind automatisch enthalten, wenn der Kunde die MMI Navigation plus bestellt hat.

3.1.1 Die Bedien- und Displayeinheit

Zwei Displays dienen zur Anzeige der Car IT-Funktionen: Zum einen der zentrale MMI-Monitor, der beim Start des Fahrzeugs elektrisch aus der Instrumententafel ausfährt, des Weiteren das schon vom Audi TT bekannte digitale „virtual cockpit", welches ebenfalls nahezu alle Car IT-Funktionen darstellen kann.

Abb. 3.1 Der Audi Q7 (SOP Juni 2015)

Die Bedienmöglichkeiten im neuen Audi Q7 im Überblick:

- Die sog. MMI-Bedieneinheit plus Dreh-Drückschalter sowie der Touchscreen für Zoom- und Auswahlfunktionen sowie acht feste Plätze für gespeicherte Radiosender oder Auswahlmenüs
- Die Spracheingabe
- Die Bedienung via Lenkrad

3.1.1.1 Die MMI-Bedieneinheit

Der Audi Q7 ist mit der neuesten Generation des Audi MMI-Bedienkonzeptes ausgerüstet (MMI steht für „MultiMediaInformation"). Die primäre Bedieneinheit ist wie bisher auf dem Mitteltunnel angebracht, und besteht aus einem Dreh-/Drück-Steller, zwei Options-Tasten und vier Hauptfunktions-Tasten (siehe Abb. 3.2).

Im Mittelpunkt der neuen MMI-Bedieneinheit steht die vollständige Touch-Oberfläche. Nach jeder Eingabe erfolgt eine akustische und haptische Bestätigung – ein Klick, der auch am Finger zu spüren ist. Auf dem großen Touchpad kann der Fahrer Zeichen eingeben oder Mehrfinger-Gesten ausführen, um etwa in der Karte zu zoomen und in Listen zu scrollen. Die Hauptfunktionen lassen sich mit dem hochwertig ausgeführten Dreh-Drück-Steller und zwei Wipp-Schaltern aufrufen. Auf acht frei programmierbaren Tasten kann der Fahrer zudem persönliche Favoriten ablegen – beispielsweise Navigationsziele, Telefonnummern oder Radiosender.

Abb. 3.2 Die MMI-Bedieneinheit des Audi Q7

Mit dieser MMI-Bedieneinheit ist auch die MMI-Suche mit intelligenten Vorschlägen möglich. Damit können Musiktitel, Telefonkontakte oder Navigationsziele einfach und schnell gesucht werden.

3.1.1.2 Die Bedienung via Lenkrad

Die wesentliche Bedienlogik des Audi MMI findet sich auch auf den neuen Multifunktionslenkrädern wieder (siehe dazu die Abb. 3.3). Dadurch kann der Kunde den Bordcomputer mit Fahrzeuginformationen und Fahrerhinweisen sowie das Audiosystem bequem mit dem Daumen der linken Hand bedienen. Je nach Ausstattung kommen Telefonie- und Navigationsbedienung mit direktem Fahrerzugriff über das Lenkrad hinzu. Auf der rechten Lenkradseite befindet sich die bewährte Lautstärkewalze mit Lautlos-Funktion sowie die Sprachdialog-Taste, Telefon-Expressbedienung und die praktische Skip-Funktion für den schnellen Wechsel des Radiosenders oder Musiktitels.

3.1.1.3 Sprachliche Steuerung

Eine weitere Bedienmöglichkeit funktioniert via Sprachsteuerung, die im neuen Audi Q7 stark vereinfacht wurde. Der Fahrer muss sich nicht mehr an fest vorgefertigte Kommandos halten. Das System versteht Formulierungen aus dem täglichen Sprachgebrauch, so dass pro Funktion hunderte von Kommandovariationen möglich sind. Im Menü „Telefon" kann ein Kontakt ganz einfach mit den Worten „Ich will mit Peter sprechen" oder „Verbinde mich mit Peter" angerufen werden. Aber auch die Navigation (beispielsweise „Wo kann ich tanken?" oder „Ich will etwas essen") reagiert auf einfache Befehle. Die natürlich-sprachliche Steuerung ist auch in den Menüpunkten Radio und Media

Abb. 3.3 Die Bedienung via Lenkrad bei Audi

(beispielsweise „Spiele Radio Galaxy" oder „Ich möchte iPod hören") integriert, so dass eine konsequente Sprachbedienung für den Kunden ermöglicht wird.

3.1.1.4 Das Audi „virtual cockpit"
Das Audi virtual cockpit ist ein TFT-Bildschirm mit einer 12,3 Zoll Diagonale, der hoch aufgelöste Grafiken präsentiert und die altbekannte Instrumententafel digital ablöst (siehe Abb. 3.4). Wie im neuen Audi TT kann nun auch der Q7-Kunde zwischen einer klassischen Ansicht mit Rundinstrumenten und einer Infotainment-orientierten Ansicht mit erweitertem Anzeigebereich für Listen und Karte wechseln – alles bequem vom Lenkrad aus. Ferner lassen sich persönliche Ansichten konfigurieren, beispielsweise bestimmte Werte des Bordcomputers. Die Flexibilität der Anzeigen ermöglicht die Darstellung aller Informationen, abhängig von individuellen Vorlieben und Fahrsituationen.

3.1.2 Infotainmentdienste: Audi connect

Audi connect ist das Infotainmentpaket, welches schon in vielen Modellen, wie zum Beispiel dem A3, dem TT oder dem A1 enthalten ist. Die Abb. 3.5 zeigt beispielhaft alle Dienste im sogenannten Diensteportfolio von Audi connect für den Audi A6, Modellpflege 2014.

Die Dienste aus der Abb. 3.5 sind genauso auch im Audi Q7 enthalten. Darüber hinaus sind zum ersten Mal sogenannte „Fahrzeugsteuerungen" enthalten. Das sind Dienste, die im Abschn. 2.3.2 als „Fahrzeugbezogene Car-IT Funktionen" bereits allgemeingültig für alle Marken und Modelle beschrieben wurden.

3.1 Audi Q7 mit Connect und MMI plus

Abb. 3.4 Das Audi „virtual cockpit" mit Fahrzeugfunktionen

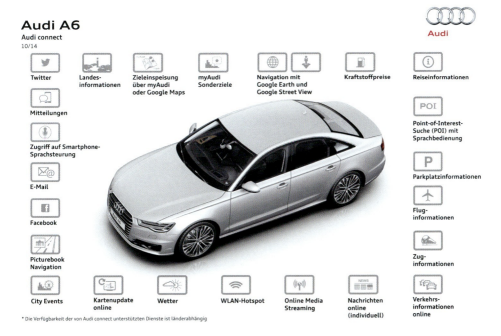

Abb. 3.5 Audi connect Diensteportfolio Audi A6

Im Folgenden werden alle Infotainment-Dienste des Audi Q7 mit Produktionsstart Juni 2015 dargestellt:

- Verkehrsinformationen online: Sie liefern Daten zum aktuellen Verkehrsfluss in Echtzeit. Wenn die gewählte Route frei ist, erscheint sie in der Anzeige grün eingefärbt, während bei dichtem oder zähfließendem Verkehr orange und bei Stau rot markiert ist. In diesem Fall benennt der Dienst die Störung und schlägt eine sinnvolle Ausweichroute vor. Verkehrsinformationen online beziehen neben den Schnellstraßen auch Landstraßen und Städte mit ein und decken die meisten europäischen Länder ab.
- Der Service „Parkplatzinformationen" zeigen Parkplätze, Parkhäuser und Tiefgaragen am Standort, am Zielort oder einem beliebigen Ort an. Wo immer möglich, nennt er die Zahl der freien Plätze und die Gebühren. Die Adresse des Parkplatzes lässt sich als Navigationsziel übernehmen, seine Umgebung erscheint via Google Earth-Kartenausschnitt und Google Street View auf dem Monitor.
- Der Dienst „Kraftstoffpreise" listet die günstigsten Tankstellen auf, wobei er in einigen Modellen auch die benötigte Kraftstoffsorte berücksichtigt (siehe dazu beispielhaft die Abb. 3.6).
- Mit der Flug- und Zuginformation von Audi connect lassen sich Abfahrts- und Abflugzeiten, Bahnsteige und Gates sowie eventuelle Verspätungen abfragen. Per Direktsuche kann der Benutzer auch eine bestimmte Flugnummer suchen.
- „City Events" ist ein Service von Audi connect, der über eine Vielzahl an Veranstaltungen am Standort, am Reiseziel oder einem frei wählbaren Ort Auskunft

Abb. 3.6 Audi connect Dienst „Kraftstoffpreise"

gibt. Der Kunde kann hier nach verschiedenen Kategorien wie Kultur- oder Sportevents filtern. Nachrichten online sowie Reise- und Wetterinformationen runden das Angebot ab.

Darüber hinaus werden spezielle Community-Dienste wie Facebook und Twitter bei Audi connect ebenfalls autospezifisch aufbereitet und integriert. Neben der Vorlesefunktion steht eine Textfunktion bereit – der Fahrer kann vorgefertigte Textbausteine versenden, auf Wunsch kombiniert mit Daten wie der aktuellen Position. Im Audi Q7 kann sich der Fahrer E-Mails vom Smartphone ins Auto übertragen und vorlesen lassen. Im Gegenzug kann er selbst Kurznachrichten (SMS) diktieren und versenden. Der Backendserver in der Cloud wandelt das Soundfile in ein Datenpaket um.

3.1.3 Fahrzeugbezogene Dienste: Audi connect Fahrzeugsteuerung

Das Paket „Audi connect Fahrzeugsteuerung" beinhaltet die folgenden Umfänge und ist sehr ähnlich der allgemeinen Darstellung der sogenannten „Fahrzeugbezogenen Car IT-Funktionen" wie in Abschn. 2.3.2 dargestellt:

- Fahrzeugstatusreport: Es werden alle wesentlichen Informationen zum Fahrzeug ausgelesen und dem Fahrzeugnutzer dargestellt. Dazu gehören zum Beispiel die aktuelle Reichweite, die Information über ausgefallene oder gestörte Fahrzeugsysteme (zum Beispiel Lampen, Sensoren, Assistenzsysteme) oder der Verbrauch.
- Fernsteuerung Ver-/Entriegeln: Per App ist es möglich das Fahrzeug aufzuschließen oder abzuschließen (siehe dazu auch die allgemeine Beschreibung in Abschn. 2.3.2.2).
- Parkposition: Sichern der Parkposition mit Hilfe von GPS-Koordinaten und Auffinden der Parkposition per App.
- Fernsteuerung der Standheizung: Per App kann die Standheizung im Fahrzeug digital eingestellt werden.

3.1.4 Call-Center-bezogene Funktionen: Audi connect Notruf & Service

Kurz nach Marktstart erhält der Audi Q7 zusätzlich zu dem bisherigen Audi connect Portfolio weitere Dienste. Verfügbar ist dann die Ausstattung „Audi connect Notruf & Service" (für zehn Jahre kostenfrei nutzbar) mit den Funktionen:

- Notruf
- Online Pannenruf
- Audi Servicetermin online

Mit der Sprachbedienung lassen sich viele Dienste und Funktionen von Audi connect steuern, darunter auch die Point-of-Interest-Suche (POI). Auch hier wird der Sprachbefehl in ein Datenpaket übersetzt und an die Suchmaschine von Google gesendet. Neu ist die Personal POI-Suche (PPOI): Dabei können sich Audi-Kunden interessante Ziele oder aktuelle Gefahrenstellen aus den Datenbanken von Drittanbietern auf ihren myAudi-Account holen und von dort auf die Navigationskarte im Auto übertragen.

3.1.5 Das „smartphone interface"

Wird ein iOS- oder Android-Handy am USB-Port des Fahrzeugs angekoppelt (iOS ab 7.1, Android ab 5.0 Lollipop), öffnet sich im Audi „smartphone interface" die entsprechende Oberfläche. Beide Anwendungen sind für die Nutzung im Auto maßgeschneidert. Den Kern des Angebots bildet die Online-Musik. Audi-Fahrer erhalten damit Zugriff auf das Angebot von Google Play Music und von iTunes.

Darüber hinaus haben beide Plattformen Navigationsfunktionen, Benachrichtigungs-/Terminerinnerungen und Messaging-Funktionen. Steuern lassen sich die Funktionen per Sprache, mit dem Dreh-Drück-Steller und über die Multifunktionstasten am Lenkrad. Zukünftig wird das Angebot durch zahlreiche 3rd-Party-Applikationen wie z. B. Pandora, Spotify, WhatsApp erweitert.

Besonderheit: Smart Devices und ihre Verbindung mit dem Auto
Zusätzlich zu den Smartphone-Funktionen wird es künftig möglich sein, via Smartwatch App mit dem Auto zu interagieren. Das Fahrzeug kann hierüber geöffnet, verriegelt, und gestartet werden, man kann aktuelle Fahrzeuginformationen auf dem Smartwatch-Display ablesen und Einstellungen vornehmen.

Zum Beispiel kann sich der Fahrer die Restreichweite oder die Wegführung zurück zu seinem Fahrzeug anzeigen lassen oder die Standheizung aktivieren. So hat der Nutzer von Smartphone oder Smartwatch die wichtigsten Informationen zu seinem Fahrzeug immer bei sich.

3.1.6 Audi music stream

Audi „music stream" ist das Webradio von Audi connect (siehe Abb. 3.7). Mit dieser App und der so genannten UPNP-Technologie (Universal Plug And Play) kann der Benutzer mehr als 3.000 Internet-Radiosender empfangen, seine Favoriten im Handy speichern und sie über die MMI Navigation plus abspielen. Darüber hinaus ermöglicht die App den Zugriff auf die Smartphone-Mediathek des Benutzers.

Das Webradio Audi music stream ist als eigenständige Smartphone-App sowie als Integration der App Audi MMI connect erhältlich. Mit dieser Applikation kommen zusätzliche Services auf das mobile Endgerät und von dort per WLAN-Kopplung in die MMI Navigation plus. Der Fahrer kann auf diese Weise Services wie die PPOI-Suche,

Abb. 3.7 Audi music stream

City Events oder Picturebook Navigation noch vielseitiger nutzen und die Suchergebnisse oder Fotos direkt ins Auto senden.

Weiterhin gibt es das sogenannte „Online Media Streaming", das Zugriff auf die Angebote des Abo-Musikportals „Napster" und des Radio'Dienstes „Aupeo!" bietet. Somit haben Audi-Kunden über die MMI Navigation plus Zugriff auf fast 20 Millionen Musiktitel und mehrere tausend Hörbücher im MP3'Format.

Ein weiterer Dienst von Audi connect ist die Picturebook Navigation. Hier speichert der Fahrer Fotos von Zielen, die mit Geo-Navigationsdaten (GPS) verknüpft sind in der „Bilderbox" der MMI Navigation plus ab. Das können eigene Fotos oder auch Motive aus Google Street View sein. Der Import der Bilder kann über eine SD-Karte oder den myAudi-Account erfolgen. Die Fotos lassen sich per Cover Flow durchsuchen und durch Auslesen der GPS-Daten als Navigationsziele übernehmen.

3.2 BMW mit ConnectedDrive

Die Car IT-Funktionen werden bei BMW „ConnectedDrive" genannt. Dazu gehören die Bedien- und Displayeinheiten nebst digitaler Dienste aus dem BMW ConnectedDrive Store.

3.2.1 Die Bedien- und Displayeinheiten auf Basis des iDrive

Das iDrive Bedienkonzept ermöglicht die Steuerung von Info- und Entertainmentsystemen auch während der Fahrt. Die Steuerung erfolgt dabei über den sogenannten iDrive-Controller. In Abb. 3.8 ist dieser beispielhaft in einem BMW 3er zu sehen.

Darüber hinaus hat BMW auf der CES 2015 in Las Vegas gezeigt, wie künftig Funktionen zusätzlich zum iDrive Controller über einen Touchscreen und mit Freiraumgesten gesteuert werden können (siehe dazu die Abb. 3.9, die zeigt, wie per Gesten mit der Hand die Funktionen auf dem HMI gesteuert werden können).

Abb. 3.8 BMW iDrive

Abb. 3.9 Gestensteuerung für das iDrive von BMW

Der Fahrzeugnutzer soll in Zukunft selbst entscheiden können, ob er per iDrive Controller durch Playlists oder Navigationsadressen scrollt oder ob er per Gesten die Steuerung übernimmt. Darüber hinaus kommt die Möglichkeit der Nutzung von sogenannten Touchscreens. Dazu öffnet sich eine virtuelle Tastatur, sobald sich die Hand dem Bildschirm bzw. HMI nähert. Der Fahrzeugnutzer kann aber jederzeit selbst entscheiden: Während der Eingabe von Buchstaben kann jederzeit zwischen iDrive Controller, dem Touchpad auf dem Controller und dem Touchscreen gewechselt werden.

Die Gestensteuerung ist dabei so gebaut worden, dass ein 3D-Sensor im Dach erkennt, ob ein oder zwei Finger ausgestreckt werden oder ob Daumen und Zeigefinger zusammengeführt werden. Ob Tippen, Rotationen des Fingers oder Wischen nach rechts: Das System entschlüsselt die Bewegung und setzt die gewünschte Eingabe um. So führt etwa eine Drehbewegung dazu, dass die Lautstärke des Radios verändert wird, ein Fingertipp in die Luft reicht, um ein Telefonat anzunehmen, ein Wischer, um das Gespräch abzulehnen.

3.2.2 BMW ConnectedDrive Store

Alle Dienste und Car IT-Funktionen werden bei BMW über den sogenannten „ConnectedDrive Store" bezogen. Über das Internet per Web-Portal können Dienste

Abb. 3.10 BMW ConnectedDrive Store: Diensteübersicht

Abb. 3.11 BMW ConnectedDrive Store

wie zum Beispiel der Concierge Service oder Real Time Traffic Information (RTTI) über den BMW ConnectedDrive Store bestellt werden (siehe dazu eine beispielhafte Übersicht von Diensten in einem BMW in Abb. 3.10). Dies geht auch aus jedem mit einer SIM-Karte vernetzten Fahrzeug, sofern es bereits auf den Fahrzeugnutzer registriert ist (dies funktioniert via Web-Portal bei BMW ConnectedDrive). Die Abb. 3.11 zeigt die Auswahlfunktion auf dem HMI eines BMWs.

3.2.3 Car IT Funktionen bei BMW

Bei BMW können im erwähnten ConnectedDrive Store alle erworben werden (entweder per Web-Portal oder direkt im Fahrzeug via HMI). BMW bietet dabei die folgenden sogenannten Services an:

– BMW ConnectedDrive Services: Dazu zählt eine ganze Vielzahl an Car IT-Funktionen. So kann zum Beispiel der Zugang zum „mobilen Büro" erfolgen (Emails, Diktierfunktion, Kalenderfunktionen, etc.), der Zugriff auf Soziale Netzwerke wie zum Beispiel Facebook oder auch die Einspeisung von Zielen von Google Maps von zu Hause per Internet in das Fahrzeug (bei BMW „Meine Info/Send to Car"). Darüber hinaus kann das Online-Wetter abgerufen werden oder im Bereich „Musik & Streaming" im Fahrzeug auf die Amazon- oder Napster-Online-Musikdatenbank zurückgegriffen werden. Per USB-Stick können sogar Fahrerprofile abgespeichert werden. Damit kann die individuelle Sitzposition, die Temperatureinstellung oder die favorisierten Radiosender jederzeit per USB-Stick geladen werden.
– Real Time Traffic Information: Dieser Dienst sorgt dafür, dass Sie jederzeit auf Basis einer Internetverbindung die optimale Fahrtroute im Navigationssystem haben, da die Verkehrslage sekündlich einem Update unterliegt.
– Concierge Services: Ähnlich wie bereits in Abschn. 2.3.4 dargestellt, bietet BMW hier den Dienst I-Call bzw. POI-Suche per Call-Center
– Intelligenter Notruf: Dies ist der bereits in Abschn. 2.3.4.2 dargestellte sogenannte E(mergency)-Call.
– Remote Services: Unter diesem Begriff findet man die bereits in Abschn. 2.3.2 dargestellten Fahrzeugbezogenen Car IT-Funktionen, die alle remote per App bedient werden.
– Online Entertainment: Mit diesem Dienst wird online im Fahrzeug eine große Musikpalette angeboten, die direkt von BMW-Kooperationspartnern wie zum Beispiel Napster bezogen werden kann. Die Musik kann auch auf die im Fahrzeug befindliche Festplatte geladen werden.
– Internet: Sie haben die Möglichkeit im Fahrzeug per HMI im Internet per Browser zu surfen
– BMW TeleServices: Dies ist ein Call-Center-Dienst, der ähnlich wie der sogenannte B-Call aus Abschn. 2.3.4.3 einen direkten Dialog mit der Kundenservicewerkstatt ihres BMW erlaubt.

3.2.4 Besonderheiten: ParkNow

BMW bietet einen speziellen Dienst zur Parkplatzsuche in Städten an: ParkNow. Zu diesem Dienst zählt das Finden, Buchen und Bezahlen eines Parkplatzes. Die Buchung kann dabei vorab per PC beziehungsweise Smartphone und bald auch während der Fahrt über das Navigationssystem vorgenommen werden.

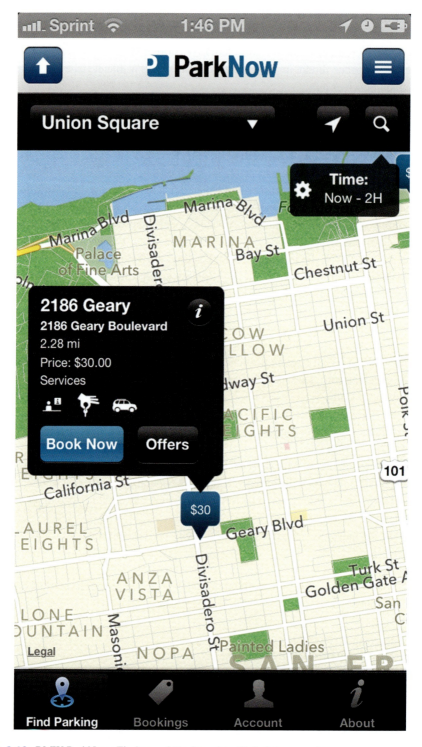

Abb. 3.12 BMW ParkNow: Finden und Buchen eines Parkplatzes per App

3.2 BMW mit ConnectedDrive

Abb. 3.13 BMW ParkNow: Buchen eines Parkplatzes per HMI

In der Abb. 3.12 ist beispielhaft dargestellt, wie ein Parkplatz bereits vor der Fahrt per App lokalisiert und gegebenenfalls buchbar ist. Wie es aussieht, wenn ein Parkplatz erfolgreich gefunden wurde, zeigt die Abb. 3.13 (zu sehen ist das HMI eines BMW mit der Anzeige einer gerade begonnen Parkingsession).

Die zum ParkNow-Netzwerk gehörenden Parkhäuser lassen sich nach Preis, Entfernung oder Verfügbarkeit von Services wie Ladestationen oder Autowäsche filtern. Nach der Auswahl über das Navigationssystem wird der Fahrer direkt zum gewählten Parkhaus geführt, ein elektronisches Ticket gewährt die Zufahrt zum reservierten Stellplatz.

Laut BMW wird der Ausbau des Netzwerks wird über Kooperationen mit Parkhausbetreibern international vorangetrieben. Mit Stand Mai 2015 hat ParkNow in Nordamerika flächendeckend Zugang zu 4.200 Parkgaragen mit 5,6 Millionen Garagenparkplätzen in hunderten von Städten. Hinzu kommen allein in den USA 2,8 Millionen Straßenparkplätze in über 200 Städten.

3.2.5 Besonderheiten: „Over-the-Air"-Aktualisierung der Navigationskarten

Das Navigationssystem Professional bietet seit Neuestem auf Basis des BMW ConnectedDrive ein regelmäßiges automatisches Navigationskarten-Update an. Die Daten werden über die fest im Fahrzeug verbaute SIM-Karte per Mobilfunk übertragen, dabei fallen für den Nutzer weder Lizenzgebühren noch Übertragungskosten an.

Damit ist das Kartenmaterial immer auf dem neuesten Stand und es wird sichergestellt, dass neue Straßen und geänderte Verkehrsführungen bekannt sind. Diese Daten können dann ebenso sinnvoll in die Routenplanung einbezogen werden wie Informationen – etwa geänderte Ortsgrenzen –, die für ein vorausschauendes Energiemanagement ins Bordnetz übertragen werden. Darüber hinaus wird der Dienste Real Time Traffic Information (RTTI) damit gespeist, der eine optimierte Routenberechnung gewährleistet.

Autonomes Fahren

4

Zusammenfassung

Die zahlreichen Insellösungen im Fahrzeug wachsen immer enger zusammen. Aktive Sicherheitssysteme und Fahrerassistenzfunktionen sind inzwischen so umfangreich, dass der Schritt zu einem autonomen, also praktisch fahrerlosen Auto logisch, unausweichlich erscheint. Der lange Traum von einem Roboterauto rückt greifbar nahe.

Es sind noch einige Hürden technischer, juristischer, und sozialer Art zu überwinden. Angesichts der Vorteile der autonomen Fahrzeuge scheint dieser Fortschritt jedoch unaufhaltbar.

Er wird sowohl positive als auch negative Auswirkungen auf Politik, Gesellschaft und Industrie haben.

4.1 Es wächst zusammen, was zusammengehört

Die Fülle der Funktionen, Systeme, unterstützenden Prozesse und eine stets wachsende Vernetzungsinfrastruktur legen die Prognose nahe, dass moderne Autos bald keinen Fahrer mehr benötigen werden. In der Tat sind zahlreiche Bausteine für ein selbstfahrendes Fahrzeug sind bereits vorhanden. Dazu zählen unter anderem Lösungen wie:

- Adaptive Cruise Control
- Spurstabilitätssysteme
- Pre-Crash-Systeme
- Automatische Parksysteme
- Line-Keeping-Systeme
- Antiblockiersystem ABS

- Antischlupfregelung ASR
- Navigation
- Stereovision und Radarsysteme

Durch eine geschickte Kooperation dieser Systeme lassen sich weitere Funktionen implementieren. Zum Beispiel kann ein intelligentes Bremssystem – ein erweitertes ABS – die Lenkbewegungen beziehungsweise einen Lenkwinkelsensor nutzen, um die Sicherheit des Fahrzeugs proaktiv und bevor ein Lenkmanöver eine Situation provoziert, die erst dann durch ABS-Sensoren erkannt wird zu erhöhen. Daten aus der optischen Objekterkennung (Kamerasysteme) können das Navigationssystem mit aktuellen Daten versorgen (z. B. Baustellen mit temporären Geschwindigkeitsbegrenzungen).

Das fortschreitende Zusammenwachsen von elektronischen Bordsystemen wird zudem durch Sicherheitsüberlegungen motiviert. Fehler in Systemen, die das Fahrzeugverhalten aktiv beeinflussen – wie Abstandsregeltempomat oder Einparkassistent – sind besonders kritisch. Diese Fehler lassen sich in zwei Klassen unterteilen:

- Funktionale Fehler (Konstruktionsfehler, Fabrikationsfehler)
- Designschwächen

Im ersten Fall handelt es sich um unbeabsichtigte Systemfehlfunktionen, die dazu führen können, dass das System trotz einer korrekten Datneinspeisung aus den Sensoren die von den Entwicklern spezifizierte Aktion nicht erwartungsgemäß durchführt. Trotz aller Bemühungen der Entwickler, die zudem noch immer strengere, gesetzliche Sicherheitsauflagen erfüllen müssen, bleibt ein Restrisiko eines schwerwiegenden Fehlers bestehen.

Im zweiten Fall sind es vor allem algorithmische Unzulänglichkeiten, die aufgrund der naturgemäßen Unschärfe der Abbildung der realen Fahrzeugumgebung innerhalb der Fahrzeugsysteme zu Fehlurteilen führen. Zum Beispiel kann das System ein besonders kleines Kind nicht eindeutig erkennen oder umgekehrt eine über den Fußgängerübergang durch den Wind getragene Zeitung als Person erfassen. Diese Fehler sind ein kalkuliertes Restrisiko, das sich durch stetige Verbesserung von Algorithmen und Sensorik immer weiter reduzieren, jedoch nie ausschließen lässt.

Eine geschickte Integration verschiedener Systeme kann beide Risikoarten erheblich reduzieren. Funktionale Fehler können durch funktionale Redundanz, Designschwächen können durch komplementäre Erweiterung der Funktionalität kompensiert werden.

Ein Beispiel für die komplementäre Funktionserweiterung ist ein Videokamerasystem, das mit einem Radarsystem kombiniert werden kann. Somit kann das System im Nebel trotzdem das Ende eines Staus erkennen oder bei besonders unüberschaubaren Verkehrsverhältnissen ein Gesamtrisiko berechnen und die Fahrzeuggeschwindigkeit anpassen. Ein solches System haben verschiedene Hersteller bereits im Angebot, so zum Beispiel das RaCam-System des Automobilzulieferers Delphi [4].

Weitere Integrationsmöglichkeiten bieten externe Systeme. So können bei Fahrzeug-zu-Fahrzeug (Car-2-Car)-Kommunikation unsichtbare Fahrzeuge erkannt werden, die sich aus einer Seitenstraße nähern. Eine Fahrzeug-zu-Infrastruktur (Car-2-Infrastructure)-Kommunikation ermöglicht eine vorausschauende Gefahrenerkennung (zeit- und witterungsabhängige Stauwahrscheinlichkeit oder ereignete Unfälle).

Die Zukunft gehört der ultimativen Integration: dem zentralen Bordcomputer, der sämtliche Funktionen der bisher im Fahrzeug verteilten Einzelsysteme vereint. Ein Beispiel dafür ist zFAS [44], das „zentrale Fahrerassistenzsteuergerät", das Delphi für Audi fertigen wird. In einer einzelnen Kontrolleinheit werden dort sämtliche Sensoren ausgewertet und darauf basierend Entscheidungen für das Fahrzeugverhalten getroffen. Das zentrale Fahrzeuggehirn, eine wichtige Voraussetzung für das autonome Fahren, wird bald Realität.

4.2 Das autonome Fahrzeug

Ein mit der umfassenden, integrierten Sensorik ausgestattetes Fahrzeug nimmt sein Umfeld im 360-Grad-Blickwinkel und mit einer Vielzahl verschiedener Sinne wahr, die auf unterschiedlichen Wellenlängen des Licht- und akustischen Spektrums die Umwelt lückenlos überwachen können (s. Abb. 4.1).

Die Sensorinformationen werden über Datenbusse an die zentrale Steuereinheit übertragen, die abhängig von der Datenlage Befehle an aktive Fahrsysteme (Lenkung, Beschleunigung, Bremse) aussendet. Bei ausreichender Intelligenz kann dieses „Gehirn" dem Fahrer seine Entscheidungen komplett abnehmen und ihn zum Beifahrer machen. Das Fahrzeug fährt automatisch; es ist ein *autonomes Fahrzeug* (AF).

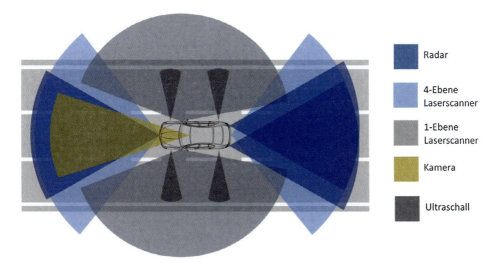

Abb. 4.1 Umfelderfassung für das hochautomatisierte Fahren mit 12 fahrzeugintegrierten Sensoren, Quelle: BMW [1]

Doch ab wann ist ein Fahrzeug autonom? Die US-Verkehrssicherheitsbehörde NHTSA teilte Fahrzeuge hinsichtlich ihres Automatisierungsgrades wie folgt ein:

Stufe 0: keine Automation. Allein der Fahrer steuert das Fahrzeug in allen Verkehrslagen, zu jeder Zeit und ist für die Überwachung des Verkehrs in seinem Fahrzeugumfeld voll verantwortlich.

Stufe 1: funktionsspezifische Automation. Bestimmte Fahrzeugfunktionen können voneinander unabhängige, isolierte Aufgaben übernehmen, unter Umständen auch begrenzt selbstständig (z. B. Antischlupfregelung). Der Fahrer ist weiterhin für die Fahrzeugführung voll verantwortlich.

Stufe 2: Integrierte Assistenzsysteme. Auf dieser Stufe agieren funktionsspezifische, selbstständig agierende Systeme im Verbund miteinander. In spezifischen Verkehrssituationen, z. B. im Stau oder auf der Autobahn, können diese Systeme sicherheitsrelevante Fahrzeugführungsfunktionen übernehmen. Der Fahrer ist weiterhin für die Sicherheit des Fahrzeugs voll verantwortlich und muss jederzeit manuell eingreifen können, wenn die Verkehrslage dies erfordert.

Stufe 3: Begrenzt-autonomes Fahren. Unter besonderen Umständen (Verkehrslage, Witterung, etc.) übernimmt das Fahrzeug die komplette Kontrolle über alle sicherheitsrelevanten Fahrzeugfunktionen. Das Fahrzeug übernimmt die vollständige Überwachung der Verkehrslage und informiert den Fahrer bei Bedarf, dass er die Kontrolle über das Fahrzeug übernehmen muss, was jedoch mit einem bequemen zeitlichen Vorlauf erfolgt.

Stufe 4: Vollautonomes Fahren. Das Fahrzeug agiert in allen Verkehrslagen selbstständig und ist für die eigene Sicherheit und die seiner Umgebung voll verantwortlich. Außer für die Vorgabe des Fahrziels ist der Fahrer zu keiner Zeit für die Steuerung oder Überwachung des Fahrzeugs verantwortlich.

Ein vollautonomes (vollautomatisches) Fahrzeug der 4. Stufe wird durch Bündelung diverser Technologien realisiert. Die folgende Abbildung fasst diese Kerntechnologien und ihre Ausprägungen zusammen (Abb. 4.2).

Zu besonders kritischen Ausprägungen zählen folgende Technologien:

LIDAR (Light Detection and Ranging). Dabei handelt es sich um Laser-gestützte Geräte, die in Echtzeit und im breiten Umfeld Gegenstände und ihre Entfernung zum Fahrzeug erkennen können.

Algorithmen. Einer der größten Kostenfaktoren bei der Entwicklung des autonomen Fahrzeugs stellen geeignete Algorithmen dar. Dabei handelt es sich verschiedene Aufgaben, wie:
- Signalkonversion (Abbildung der Außenwelt auf die interne Darstellung), wie
  – Bildverarbeitung
  – LIDAR-Verarbeitung
  – Radar-Musterverarbeitung

4.2 Das autonome Fahrzeug

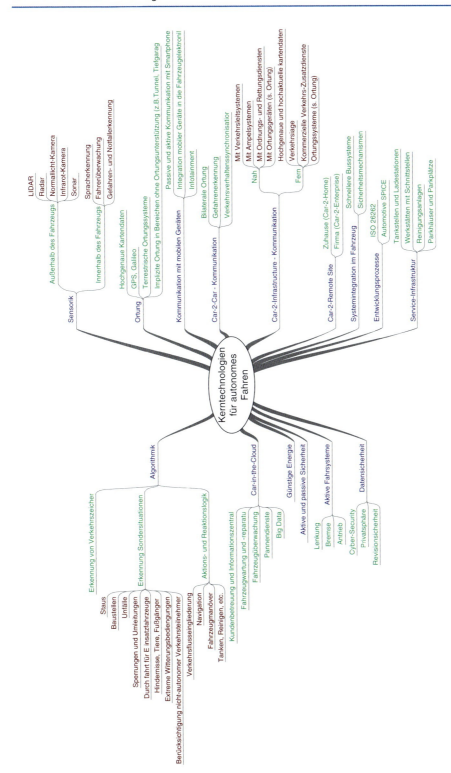

Abb. 4.2 Technologische Voraussetzungen für ein autonomes Fahrzeug

- Signalinterpretation
  - Objekterkennung und -klassifizierung
  - Erkennung von Hindernissen
  - Erkennung der Umgebungsgeometrie und Straßenmarkierungen
  - Dynamische Modellierung
  - Erkennung von Verkehrszeichen und Ampeln
  - Räumliche Fahrzeugpositionierung
  - Fahrzeugführung
- Entscheidungsfindung anhand der aktuellen Datenlage

Speziell die Entscheidungsfindung gehört zu den besonderen Herausforderungen. Während eine Autobahnfahrt bereits komplexe Entscheidungen verlangt, ist die Liste verschiedener Sonderfälle in einem Stadtgebiet endlos: Überholen eines Müllabfuhrwagens, Fahren über Zebrastreifen, an dem Menschen stehen, die jedoch die Straße gar nicht überqueren möchten, Verhalten in Straßenverengungen (auch unter Teilnahme von Schienenfahrzeugen), Erkennung von Umzugslastern und entsprechendes Verhalten in ihrer Nähe, usw. Da die Komplexität dieser Algorithmen oft exponentiell ist und die Sensordaten häufig ungenau sind (z. B. Kameradaten im leichten Nebel), können auch die schnellsten Systeme keine hundertprozentige Objekterkennung garantieren. Auch in besonders kritischen Situationen, in denen ein Unfall nicht mehr verhindert werden kann, muss das Fahrzeug blitzschnell eine Entscheidung treffen, die zu einem möglichst geringen Schaden führt. Eine neue Klasse von Echtzeit-Mustererkennungs- und Entscheidungsheuristiken muss daher eine Reife erreichen, die sowohl technischen als auch juristischen Anforderungen genügt.

Car-2-Car – Kommunikation (C2C) Ein kooperatives Verhalten im Verkehr wird durch eine kontinuierliche Interaktion zwischen den Fahrern ermöglicht. Fehlt der Fahrer, so müssen die Fahrzeuge selbst miteinander „kommunizieren", damit gefährliche Überholmanöver oder riskante Bremsvorgänge vermieden und vorausschauendes Fahren und die Auflösung verkehrstechnisch unklarer Situationen erfolgen können (z. B. vier Fahrzeuge, jedes auf einer Seite einer gleichberechtigten Kreuzung). Zusätzlich kann C2C die Sicherheit des Fahrzeugs erhöhen, zum Beispiel durch Kommunikation „um die Ecke", wenn ein Gebäude an einer Kreuzungsecke die seitliche Sicht versperrt.

Car-2-Infrastructure (C2I) Ähnlich wie bei C2C muss die Kommunikation des Fahrers mit seinem Umfeld und der Infrastruktur ersetzt werden. Verkehrsnachrichtensender, Ampelsysteme (z. B. grüne Welle), Telematik-Anzeigen etc., Reaktion auf bestimmte Zeichen (z. B. rechts einordnen für Rechtsabbieger) müssen in einem autonomen Fahrzeug selbstständig verarbeitet bzw. durch andere Kommunikationssysteme ersetzt werden. Dazu können intelligente Ampelsysteme, aktive Verkehrsleitsysteme, zentral gesteuerte Vorgaben (z. B. Geschwindigkeitsempfehlung) eingesetzt werden.

Kommunikation mit mobilen Geräten Mercedes Benz hat auf dem Auto-Salon 2014 in Genf die Integration von Apples CarPlay in einem Modell der neuen C-Klasse gezeigt. Die gleiche Funktionalität will der Hersteller in Kürze auch für Android-Smartphones anbieten. Da mobile Geräte (iPads, Tablets) über immer leistungsfähigere Prozessoren und umfangreiche Speicher verfügen und zudem zu ständigen Begleiter der Fahrzeugnutzer werden, können sie viele der unkritischen Fahrzeugfunktionen übernehmen, insbesondere im Infotainment- und Kommunikationsbereich.

Service-Infrastruktur Vollautonome Fahrzeuge werden besondere Schnittstellen benötigen, um ohne manuelle Eingriffe aufgeladen bzw. aufgetankt, gewartet, gewaschen, repariert, etc. zu werden.

Günstige Energie Solange das Auto als Umweltsünder betrachtet wird, werden Gesetzgeber immer höhere Gebühren verlangen und mit Nachdruck auf öffentliche Verkehrsmittel verweisen sowie Investitionen in die entsprechende AF-taugliche Infrastruktur verweigern. Als Lösung bieten sich neuartige Antriebe an, wie elektrische Motoren oder die Brennstoffzelle. Die Energie kann künftig aus erneuerbaren Energiequellen oder womöglich aus Fusionsreaktoren bezogen werden, an welchen neuerdings wieder intensiv geforscht wird [16].

Das enge Zusammenspiel dieser Technologien wird über den Erfolg des autonomen Fahrens entscheiden. Der Aufwand ist riesig, die Risiken – auf die wir später noch eingehen werden – sind enorm. Es drängt sich die Kosten-Nutzen-Frage dieses Unterfangens auf. Müssen wir nun ein selbstfahrendes Fahrzeug entwickeln, nur, weil es möglich erscheint?

4.3 Unvermeidliche Entwicklung?

Ist das autonome Fahrzeug unausweichlich? Die Meinungen sind geteilt, denn nicht alle finden diese Perspektive erfreulich. Der Porsche-Chef Matthias Müller zum Beispiel hält erklärtermaßen wenig davon [14], denn seine Käufer würden sportliches, eigenhändiges Fahren bevorzugen.

Es mag sicherlich Vorbehalte gegen autonomes Fahren geben, wie die Sicherheit der anderen Verkehrsteilnehmer, verringerte Fahrfreude oder die Zuverlässigkeit der Steuersysteme. Dem gegenüber stehen jedoch mehrere gesellschaftliche und politische Einflussgrößen, die das autonome Fahren begrüßen.

Dazu gehören vor allem die folgenden Faktoren:

– Verkehrssicherheit
– Alternde Gesellschaft
– Klimaschutz
– Präferenzen von Pendlern

Faktor Verkehrssicherheit
Im Jahre 2013 ereigneten sich in Deutschland 2,4 Millionen Verkehrsunfälle [35]. Es starben dabei 3.300 Menschen, 366.000 wurden verletzt. Die Bundesanstalt für Straßenwesen schätzt, dass Verkehrsunfälle in Deutschland jährlich volkswirtschaftliche Kosten von über 30 Milliarden Euro verursachen [9].

Die überwiegende Mehrzahl aller Unfälle mit Personenschaden – es waren 86 % im Jahre 2013 – werden durch Fehlverhalten der Autofahrer verursacht [23]. Dazu gehören Fehler wie unangebrachte Geschwindigkeit (14 %), Verletzung der Vorfahrtsregeln (15 %) oder Nichteinhaltung des Abstands (12 %).

Der Faktor Mensch kann bei autonomen Fahrzeugen ausgeschlossen werden. Das fahrerlose Auto wird nie abgelenkt, betrunken, oder übermütig werden. Algorithmische und sensorische Fehler der Fahrzeugsteuerungssysteme werden sehr selten sein, sobald autonome Fahrzeuge einige Jahre nach ihrer Markteinführung die Reife eines Massenprodukts erreicht haben.

Es ist dann nur noch eine Frage der Zeit, dass der Gesetzgeber eine Einschränkung der Nutzung herkömmlicher Fahrzeuge zugunsten der neuen Technologie anstrebt.

Faktor Alternde Gesellschaft
Die Weltbevölkerung, vor allem aber die Bevölkerung in Industrienationen überaltert immer schneller. Der durchschnittliche Autokäufer war im Jahre 1995 noch 46 Jahre alt. 2010 waren es bereits 51 Jahre und für das Jahr 2020 sind 53 Jahre zu erwarten [18]. Zugleich ist es ein offenes Geheimnis, dass die Fahrtüchtigkeit im Alter oft nachlässt (Abb. 4.3) [19].

Es kommt immer wieder vor, dass der Führerschein aus Altersgründen entzogen wird [17]. Schon werden Rufe nach dem „Senioren-TÜV" laut [20].

Die Klientel der älteren Autokäufer wächst ständig. Bereits jetzt ist ein Drittel aller Autokäufer über 60 Jahre alt [18]. Kein Fahrzeughersteller kann es sich leisten, diesen Trend zu ignorieren. Auch möchte niemand als verkehrsuntauglicher Senior diskriminiert werden und auf die individuelle Mobilität unfreiwillig verzichten.

Es liegt auf der Hand, dass Ältere autonom fahrende Fahrzeuge willkommen heißen werden.

Faktor Klimaschutz
Die Autobranche muss laut einem EU-Beschluss ab dem Jahr 2020 die Emissionsobergrenze von 95 g/km bei 95 % aller Neufahrzeuge einhalten [21]. Zurzeit gilt noch die Obergrenze von 160 g/km. Unter der Annahme, dass in den nächsten Jahren Alternativantriebe weiterhin keine nennenswerten Marktanteile gewinnen, bedeutet das eine Senkung des durchschnittlichen Treibstoffverbrauchs in Verbrennungsmotoren um 41 %. Die Autobranche wird somit auf eine harte Probe gestellt und dabei ist das Ende der Fahnenstange bei den Emissionsvorgaben noch nicht erreicht. Im „Fahrplan für den Übergang zu einer wettbewerbsfähigen CO2-armen Wirtschaft bis 2050" sieht die EU vor, dass im Verkehr bis zum Jahre 2050 bis zu 67 % des CO_2-Ausstoßes eingespart werden kann [22]. Dazu wird die Automobilindustrie erwartungsgemäß einen entscheidenden Anteil beisteuern müssen.

4.3 Unvermeidliche Entwicklung?

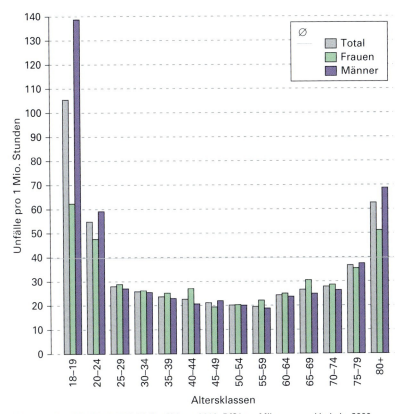

Abb. 4.3 Verkehrsbeteiligungsdauer und Unfallrisiko, Quelle: Statistisches Amt des Kantons Zürich

Es ist kaum zu erwarten, dass sich in den nächsten 15 Jahren elektrische Antriebe aus regenerativen Energien im großen Stil durchsetzen werden. Daher müssen andere Maßnahmen ergriffen werden. Autonome Autos können dabei einen ansehnlichen Beitrag leisten, indem sie treibstoffsparende Fahrstrategien wie extrem vorausschauendes Fahren, Folgen der Idealcharakteristika bei Beschleunigungs- und Bremsvorgängen und signifikante Senkung der Staudichte und -Frequenz konsequent umsetzen. Es ist anzunehmen, dass solche Einsparungen in die künftigen Berechnungen des kumulativen CO_2-Ausstoßes einfließen und so den Umstieg auf autonome Fahrzeuge beschleunigen werden.

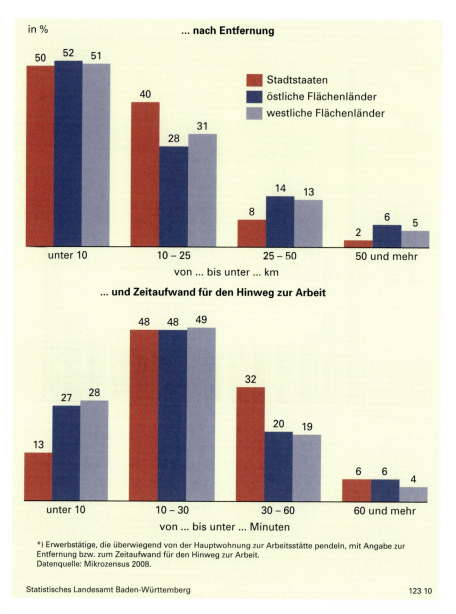

Abb. 4.4 Zeit, die Berufspendler in Deutschland benötigen, um zu ihrem Arbeitsplatz zu kommen, Quelle: Statistisches Monatsheft Baden-Württemberg 4/2010

Faktor Pendler

Jeder fünfte Pendler in Deutschland benötigt zwischen 30 und 60 Minuten am Tag für die Fahrt zum Arbeitsplatz und nochmal so viel für die Rückfahrt (Abb. 4.4).

Die meisten von ihnen, ca. 60 %, verwenden dafür den eigenen PKW (Abb. 4.5).

4.3 Unvermeidliche Entwicklung?

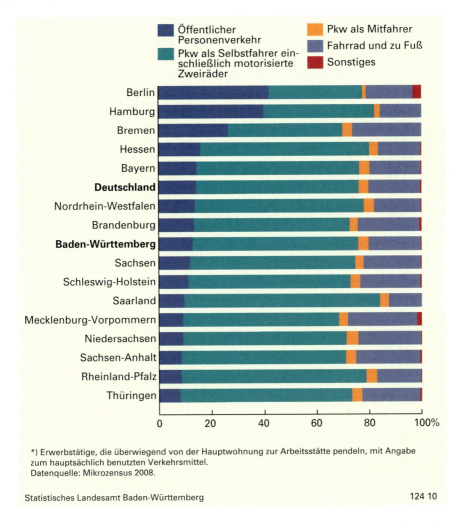

Abb. 4.5 Von Berufspendlern verwendete Verkehrsmittel, Statistisches Monatsheft Baden-Württemberg 4/2010 [10]

Die Pendlerzeit beträgt bis zu 2 Stunden am Tag oder bis zu 10 Stunden pro Woche. Bei ca. 250 Arbeitstagen im Jahr abzüglich 24 Tage Mindesturlaub sind es ca. 450 Stunden pro Jahr. Dies bedeutet, dass ein Pendler pro Jahr bis zu 55 Arbeitstage je 8 Stunden unproduktiv verschwendet. Viele Pendler könnten die Fahrt mit einem autonomen Fahrzeug stattdessen für die Arbeit nutzen und somit eine Menge Zeit sparen. Oder die Fahrt als Freizeit nutzen.

Es ist zu erwarten, dass Pendler, die naturgemäß wenig „Spaß am Fahren" haben, sondern ihre Fahrt „von A nach B" und zurück als lästig empfinden, autonome Fahrzeuge hochwillkommen heißen werden. Die Akzeptanz der neuen Technologie wird dadurch deutlich beschleunigt, so dass die kritische Masse autonomer Fahrzeuge schnell steigen wird, sobald sie zu erschwinglichen Preisen verfügbar sind.

Schlussendlich wird wohl die Bequemlichkeit, die mit automatischen Fahrfunktionen einhergeht, eine breite Akzeptanz autonomer Fahrzeuge begünstigen. Bereits heute existieren Systeme, die dies erahnen lassen, wie das „Valet Park4U" – System des Automobilzulieferers Valeo, das auf der IAA im Jahre 2013 vorgestellt wurde. Das System ermöglicht es dem Fahrer, sein Auto ohne Zutun und ohne selbst im Auto zu sitzen, einparken zu lassen und es später wieder automatisch zurückkommen zu lassen. So preist Valeo das Produkt an:

„Mithilfe von Valet Park4U kann ein Fahrer sein Fahrzeug bereits am Eingang eines Parkhauses oder einer Tiefgarage verlassen. Das Auto findet von allein einen Parkplatz und parkt ein. Dazu aktiviert der Fahrer über sein Smartphone das automatische Einparksystem. Der Wagen übernimmt die Steuerung und sucht einen passenden Parkplatz, um dann mithilfe des vollautomatischen Parksystems von Valeo einzuparken. Von Seiten des Fahrers ist kein weiteres Zutun nötig. Er wird lediglich informiert, sobald der Vorgang abgeschlossen ist. Auf die gleiche Weise kann der Fahrer sein Smartphone verwenden, um sich am Ausgang des Parkplatzes von seinem Fahrzeug wieder abholen zu lassen." [11]

Das ist nur ein Vorgeschmack auf die bevorstehende, aufregende Zukunft mit autonomen Fahrzeugen.

4.4 Knackpunkt Sicherheit

Wenn das Leben eines Menschen einer Maschine anvertraut wird, dann muss diese Maschine denkbar höchste Sicherheitsstandards erfüllen. Die Sicherheit muss nicht erst bei der Qualitätsendkontrolle, sondern bei der Entwicklung der relevanten Systeme von Anfang an berücksichtig werden. Neben der bereits angesprochen Redundanz- und Integrationsstrategie bei der Entwicklung von AF-Systemen gilt es sicherzustellen, dass während ihrer Entwicklung funktionale Fehler möglichst ausgeschlossen werden.

Die neuen Sicherheitsstandards stellen sowohl die OEMs als auch ihre Lieferanten vor große organisatorische Herausforderungen. Es wird schätzungsweise noch einige Jahre dauern, bis die Industrie den erforderten Sicherheitsstand in einem Umfang erreicht hat, der für die Entwicklung von wirklich sicheren und bezahlbaren autonomen Fahrzeugen im Massenmarkt erforderlich ist.

4.5 Knackpunkt Rechtslage

Autonome Fahrzeuge stellen den Gesetzgeber vor neue Aufgaben. Bis ein vollautonomes Fahrzeug überhaupt legal auf einer öffentlichen Straße betrieben werden darf, müssen noch einige rechtliche Hürden bewältigt werden. In Europa gilt im Allgemeinen das

4.5 Knackpunkt Rechtslage

Wiener Übereinkommen aus dem Jahre 1968, das bisher autonomes Fahren untersagte. Unter anderem ist es demnach erforderlich, dass ein qualifizierter Fahrzeugführer die Kontrolle über das Fahrzeug behalten muss. Dies gilt für Pferdekutschen ebenso wie für motorgetriebene Fahrzeuge. Die Regel lautet: „Jeder Führer muss dauernd sein Fahrzeug beherrschen oder seine Tiere führen können" [25].

Das Wiener Übereinkommen wurde im Mai 2014 von einem Ausschuss der Vereinten Nationen überarbeitet. Demnach ist ein teilautonomes Fahren grundsätzlich möglich, solange der Fahrer das Fahrzeug jederzeit stoppen kann. Noch ermöglicht diese Regelung keine generelle Zulassung vollautonomer Fahrzeuge der 4. Stufe, doch es ist lediglich eine Frage der Zeit, bis der Gesetzgeber dem Druck der Automobilhersteller nachgeben wird.

Auch zu klären sind Haftungsfragen. Wer haftet bei einem Unfall? Bei einem Fahrzeug der vierten Stufe kann ein Fahrzeuginsasse ebenso wenig belangt werden wie ein Buspassagier. Haftet nun der Autohersteller? Der Zulieferer? Haftet vielleicht gar der Staat oder ein speziell dafür eingerichteter Versicherungsfonds?

Weiterhin sind Detailfragen zu klären, welche die automatischen Entscheidungsprozesse im Fahrzeug betreffen. Wenn ein Fahrzeug beispielsweise aufgrund unerwarteter Wetterverhältnisse (z. B. glatter Straßenabschnitt) ins Schleudern gerät und ein Unfall unvermeidlich ist, kann das Steuersystem unter Umständen immer noch das Ziel des Aufpralls wählen. Das System muss nun in Sekundenbruchteilen die Entscheidung treffen, ob nun das Kind auf einem Fahrrad oder die Gruppe von Senioren vor einem Café angefahren wird. Soll etwa ein Zufallsgenerator darüber entscheiden? Oder ein ausgeklügeltes Regelwerk?

Auch der Datenschutz wirft Fragen auf. Es werden über den Fahrer massenhaft Daten gesammelt. Alleine die in diesem Buch beschriebenen Assistenz- und IT-Systeme, welche fahrbezogene, inhaltsbezogene, Call-Center-bezogene etc. Funktionen bieten, bergen – wie das vernetzte Fahrzeug auch – das Potential eines gläsernen Fahrers. Jeder Schritt, jede Fahrt, die Fahrweise, empfangene und gesendete Daten, Alter, Beruf, Fahrrouten, Anzahl und Art der Insassen etc. – das sind Daten, die laufend gesammelt, künftig rund um den Globus übertragen und in Rechenzentren gespeichert werden. Wem gehören nun diese Daten? Hat der Fahrer das Recht, diese Daten zu löschen? Dürfen Behörden aller Art auf diese Daten zugreifen? Spätestens seit dem Snowden-NSA-Skandal sind dies Themen, die nicht nur Spezialisten sondern auch das breite Publikum interessieren.

Auch, wenn statistisch gesehen autonome Fahrzeuge die Zahl der Unfälle im Straßenverkehr deutlich verringern können, sind diese Punkte nicht einfach mit statistischen Betrachtungen von der Hand zu weisen. Die Antworten müssen darüber hinaus nicht nur auf nationaler oder EU-Ebene, sondern international, global abgestimmt sein. Langwierige, sicherlich auch sehr politische Diskussionen und komplizierte Abstimmungen auf allen Ebenen sind daher zu erwarten und das kann durchaus die eigentlich entscheidende Hürde werden, die für das autonome Fahren genommen werden muss.

4.6 Wann kommt das selbstfahrende Auto?

Der Traum von einem selbstfahrenden Fahrzeug ist nicht neu. Bereits seit dreißig Jahren arbeitet Wirtschaft und Wissenschaft an der Technologie für autonomes Fahren. Im Abschluss des unter anderem von Daimler gesponserten EUREKA-PROMETEUS-Projekts, das im Jahre 1987 begann, wurde im Jahre 1994 demonstriert, dass ein Fahrzeug selbstständig mit voller Geschwindigkeit auf der Autobahn fahren kann [13].

Im Mai 2014 schickte der US-amerikanische Suchmaschinengigant Google eine Flotte von Fahrzeugen ohne Lenkrad und ohne Pedale auf amerikanische Straßen. Bis September 2014 haben die „Google Cars" mehr als eine Million Kilometer auf öffentlichen Straßen zurückgelegt [12].

Dass Google innerhalb von lediglich drei Jahren einen straßentauglichen Prototyp entwickeln konnte, schreckte das automobile Establishment gehörig auf. Zwar spielten manche von ihnen diese Erfolge herunter. Google Cars seien „hässlich wie Mondautos und führten wie diese in eine Sackgasse", meinte Daimlers Vorstandsvorsitzender Dieter Zetsche [15]. Im Hintergrund wird jedoch spätestens seit den medienwirksamen Versuchsfahrten der Google Cars an selbstfahrenden Automobilen beinahe panikartig gearbeitet.

Die erfolgreichen Fahrten der Google Cars beweisen, dass technischen Voraussetzungen für ein autonomes Fahrzeug inzwischen gegeben sind. Faktoren wie Prozessorleistung, Algorithmen, Digitalisierung von Kartendaten, Ortungssysteme und andere Kerntechnologien sind nun so weit, dass der Traum von einem vollautomatischen Fahrzeug in Erfüllung gehen kann. Die Krux steckt aber im Detail. Zum Beispiel können autonome Fahrzeuge noch nicht souverän genug mit unerwarteten Veränderungen in der Verkehrsführung umgehen (z. B. neue Ampeln) oder richtig auf Haltezeichen eines Polizisten reagieren.

Doch das sind alles relative Kleinigkeiten, die nach und nach gelöst werden. Es ist zu erwarten, dass die zurzeit mit Hochdruck entwickelten Systeme in absehbarer Zeit all diese Unwägbarkeiten beheben werden.

Wie lange müssen wir nun noch auf ein vollautonomes Fahrzeug (der Stufe 4 also) warten?

Auf der Consumer Electronics Show im Januar 2015 in Las Vegas war die Automobilindustrie ungewöhnlich stark vertreten. Es wurden zahlreiche selbstfahrende Autos vorgeführt und kündigten die baldige Marktreife vollautonomer Fahrzeuge an. Der IT-Gigant Google geht sogar von einer Wartezeit von unter fünf Jahren aus, also noch vor dem Jahre 2020, bis das erste kommerzielle, vollautonome Google Car auf amerikanischen Straßen rollt.

Während die technische Machbarkeit inzwischen als erwiesen gilt, bleibt die Frage der Marktakzeptanz noch offen. Einer Umfrage der Beratung Ernst & Young in Deutschland aus dem Jahre 2013 [6] zufolge sind aktuell viele Autofahrer nur dann bereit in ein autonomes Fahrzeug zu steigen, wenn eigenes Eingreifen möglich ist (Abb. 4.6).

4.6 Wann kommt das selbstfahrende Auto?

Abb. 4.6 Bereitschaft, in ein autonomes Fahrzeug zu steigen

Dabei wird die Car IT selbst ein weiterer Motivator für die Einführung vollautonomer Fahrzeuge werden. Bereits heute belohnen Versicherer die Black Box im Fahrzeug mit einem Nachlass auf die Versicherungsprämie. Alleine wegen der versicherungspolitischen Dynamik der Prämien und Haftungsfragen ist schon bald mit der Einführung weiterer Systeme zu rechnen, die den Fahrer überwachen und sicherstellen sollen, dass er sich im Straßenverkehr korrekt verhält. Neben der Black Box sind das Systeme zur Fahrerüberwachung, die gewährleisten sollen, dass der Fahrer die Hände auf dem Lenkrad hält, oft genug in den Rückspiegel schaut, seinen Blick auf die Straße richtet und die Augen dabei offen bleiben (Sekundenschlafgefahr). Weitere Systeme sind in Entwicklung oder zumindest denkbar. Alkoholgehalt in der Atemluft, Lautstärke im Fahrzeuginneren (laute Musik kann die Reaktionsfähigkeit des Fahrers verringern), Fahrstil (Geschwindigkeit, heftige Richtungswechsel), Fahrstil im Verhältnis zu Witterungsbedingungen und so weiter – Systeme, die derartige Aspekte überwachen, tragen effektiv zur Straßenverkehrssicherheit bei. Sobald sie verfügbar sind, ist die Versuchung beinahe unwiderstehlich, sie zur Pflicht zu machen oder ihre Nichtnutzung zumindest über höhere Versicherungsbeiträge zu bestrafen. Die Überwachung des Fahrers wird daher voraussichtlich derart zunehmen, dass der Spaß am Fahren durch sie beeinträchtigt wird, noch lange bevor vollautonome Fahrzeuge marktreif werden.

All diese Faktoren werden die kritische Masse relativ schnell erzeugen. Sobald die Vorzüge autonomer Fahrzeuge den Mainstream erreichen, ist eine starke Steigerung der Akzeptanz zu erwarten. Einer Prognose des renommierten Marktforschungsinstituts Navigant Research zufolge sollen im Jahre 2035 bereits 100 Millionen selbstfahrender Fahrzeuge verkauft werden [7]. Es werden dann kaum noch traditionelle Fahrzeuge verkauft. Der Traum vom vollautomatisch selbstfahrenden Fahrzeug wird endgültig zum Alltag werden.

Herausforderungen für die Fahrzeug-IT   5

Zusammenfassung

In der Entwicklung digitaler Fahrzeugsysteme rückt ihre Qualitätssicherung immer stärker in den Vordergrund. Dabei geht es um die Sicherstellung einer korrekten und sichere Umsetzung der Systemanforderungen. Die Qualitätssicherung beginnt bereits in der Entwurfsphase, wobei der Standard Automotive SPICE angewendet wird. Zusätzlich gewinnt der Standard ISO 26262 für die funktionale Sicherheit an Bedeutung. Außerdem wird im Zeitalter vernetzter Fahrzeuge die Datensicherheit kritisch. Künftig werden daher immer umfangreichere und stringentere Standards zum Einsatz kommen.

5.1 Steigende Kritikalität der Fahrzeugsysteme

Die immer schneller voranschreitende Steigerung des Funktionsumfangs der Fahrzeugelektronik und der damit verbundenen IT-Umgebung hat ihren Preis. Angesichts der steigenden Komplexität und der Sicherheitsrelevanz von künftigen Fahrzeugarchitekturen genügt es schon lange nicht mehr, die Systeme „lediglich" intensiv zu testen. Es ist nämlich praktisch unmöglich, Millionen von Parameterkombinationen aller vorhandenen Systeme vollständig zu prüfen. Eine lückenlose Testabdeckung ist illusorisch.

Es ist daher erforderlich, erweiterte Sicherheitsstandards bereits während des Entwurfs der Systeme anzuwenden, um die ansonsten hoffentlich bereits im Test zu entdeckenden Fehler gar nicht erst entstehen zu lassen.

Dies ist insbesondere wegen der steigenden Autonomie der Fahrzeugsysteme immer kritischer. Hatten früher Elektrik-Fehler schlimmstenfalls zum Totalausfall oder einem Kabelbrand geführt, kommt es bei Fahrassistenzsystemen wie ABS auf die Millisekunde und bei einem autonomen Führungssystem auf die Korrektheit von hunderten von Entscheidungen pro Minute an.

Besonders die Software in Verbindung mit der Mikroelektronik stellt eine sicherheitstechnische Herausforderung dar. Daher haben sich die Sicherheitsspezialisten mit diesen Disziplinen besonders intensiv beschäftigt.

5.2 Herausforderung Software

Im Gegensatz zu Mechanik oder Elektronik ist Software keine physikalische, sondern rein logische Entität. Die extreme Natur äußert sich darin, dass scheinbar kleine Eigenschaften wie der Typ einer Variablen oder die Zahl von Schleifendurchläufen extremen Einfluss auf das resultierende Systemverhalten haben können. Dies ist der Tatsache geschuldet, dass eine große Anzahl von Software-Einzelbefehlen im Endeffekt eine vergleichsweise kleine Anzahl von Schnittstellenparametern ansteuert.

Der Umfang von Software in modernen Maschinen steigt stetig. Während das Steuermodul der Mondkapsel der Apollo 11 – Mission mit circa 145.000 Zeilen Quellcode auskam, kommen in modernen Fahrzeugen schnell Dutzende von Millionen an Softwarezeilen zusammen (Abb. 5.1).

Der Softwareumfang ist ein wichtiges Indiz für die Fahrzeugzuverlässigkeit, denn die durchschnittliche Anzahl von Fehlern steigt proportional zur Anzahl von Programmzeilen.

Die Anzahl der Interdependenzen in Systemen mit hohem Software-Anteil ist um Größenordnungen höher als in der traditionellen Mechanik-Welt. Zusätzlich zu der erwähnten, intrinsischen Softwarekomplexität kommt noch die Tatsache hinzu, dass IT-Systeme nicht nur miteinander im Fahrzeug, sondern immer mehr mit Systemen

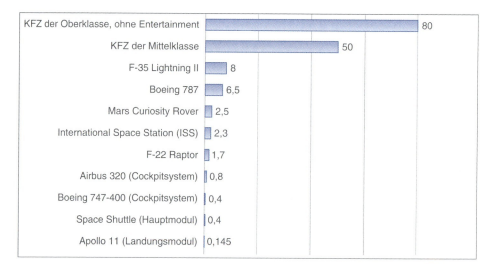

Abb. 5.1 Umfang eingesetzter Software, in Millionen Zeilen

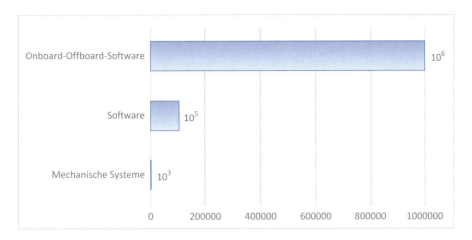

Abb. 5.2 Anzahl von Abhängigkeiten im Systemdesign, Größenordnungen (Quelle: [37])

außerhalb des Fahrzeugs kommunizieren. Dementsprechend steigt die Zahl der Interdependenzen (Abb. 5.2).

Jede dieser Abhängigkeiten birgt Risiken für die Robustheit des Gesamtsystems. Systeme von dieser Komplexität lassen sich zwar theoretisch, aber nicht praktisch, sprich nicht in bezahlbarer Zeit, vollständig auf ihre Korrektheit überprüfen.

5.3 Qualitätsstandards für Systementwicklungsprozesse

Der steigenden Komplexität der Fahrzeug-IT begegnet die Industrie mit zunehmender Standardisierung von Entwicklungsprozessen. Dabei geht es mitunter darum, durch eine systematische Gestaltung aller Entwicklungsaktivitäten die Zahl der Systemfehler noch vor der Testphase zu senken. Zu diesem Zweck muss die Prozessqualitätssicherung während Entwicklungsaktivitäten nachvollziehbar zum Einsatz kommen.

Standardisierte Entwicklungsprozesse werden als Schlüssel zu qualitativ hochwertigen Produkten angesehen. Damit die Frage nach der faktischen Qualität eines Softwareentwicklungsprozesses beantwortet werden kann, sind einheitliche Bewertungsmodelle erforderlich.

Dabei stechen zwei Industriestandards hervor: Automotive SPICE (basierend auf ISO/IEC 15504) und die funktionale Sicherheit (ISO 26262).

5.3.1 Automotive SPICE

Automotive SPICE® (Warenzeichen der Volkswagen AG, gängig „ASPICE" genannt) ist ein Standard für die Bewertung der Reife von Systementwicklungsprozessen. „SPICE" ist die Abkürzung für „Software Process Improvement and Capability Evaluation".

Den Schwerpunkt des ASPICE – Standards stellt die Software dar. Weitere Aspekte wie die Elektronik und Herausforderungen im mechanischen Bereich werden nur auf der Gesamtsystemebene angesprochen, nicht jedoch im Detail.

Die Prozesse in der ASPICE-Bewertung wurden im Rahmen des internationalen Standards ISO/IEC 15504 entwickelt. ASPICE definiert eine Teilmenge der dort definierten Prozesse (Abb. 5.3).

Da der Automotive SPICE-Zuschnitt immer noch eine beträchtliche Anzahl von Prozessen aufweist, definierte die „Hersteller Initiative Software" (kurz „HIS"), ein Zusammenschluss deutscher Automobilhersteller (Audi, BMW, Daimler AG, Porsche und Volkswagen), eine Teilmenge dieses Standards: den „HIS-Scope". Darin sind immer noch neun „ENG"-Prozesse, ein Projektmanagement-Prozess, ein Lieferantenprozess und vier Unterstützungsprozesse enthalten.

Automotive SPICE ist seit 2007 als verbindlicher Standard einzuhalten.

Der ASPICE-Standard liefert einen Fragenkatalog, wonach die Reife des Prozesses nach insgesamt sechs Stufen (Reifegraden) bewertet wird:

Reifegrad 0: unvollständig. Die Entwicklungsorganisation arbeitet nicht systematisch und kann „mit Glück" geforderte Produkte erzielen.
Reifegrad 1: durchgeführt. Die Entwicklungsorganisation liefert, aber immer noch nicht systematisch durchgeplant und nicht in konstanter Qualität.
  Die Bewertung erfolgt nach dem SPICE-Attribut „1.1 Process Performance".
Reifegrad 2: gesteuert. Die Entwicklungsorganisation liefert wie geplant, arbeitet aber noch nicht einheitlich und hat Probleme mit speziellen Projektarten und Sonderfällen.
  Es werden zusätzlich Attribute „2.1 Performance Management" und „2.2 Work Product Management" bewertet.
Reifegrad 3: etabliert. Die Entwicklungsorganisation hat einen definierten (wohldokumentierten) Prozess und für besondere Aufgaben angepasste bzw. anpassungsfähige Prozesse parat.
  Es werden zusätzlich Attribute „3.1 Process Definition" und „3.2 Process Development" bewertet.
Reifegrad 4: vorhersagbar. Die Entwicklungsorganisation hat die geforderte Leistungsfähigkeit einzelner Prozessschritte geplant und im Griff.
  Es werden zusätzlich Attribute „4.1 Process Management" und „4.2 Process Control" bewertet.
Reifegrad 5: optimierend. Die Entwicklungsorganisation plant ihre kontinuierliche Verbesserung und führt diese plangemäß durch.
  Es werden zusätzlich Attribute „5.1 Process Innovation" und „5.2 Process Innovation" bewertet (Abb. 5.4).

5.3 Qualitätsstandards für Systementwicklungsprozesse

Management Process Group (MAN)

	MAN.1	Organizational alignement
	MAN.2	Organizational management
ASPICE, HIS	**MAN.3**	Project management
	MAN.4	Quality management
	MAN.5	Risk Management
	MAN.6	Measurement

The Acquisition Process Group (ACQ)

	ACQ.1	Acquisition preparation
	ACQ.2	Supplier selection
	ACQ.3	contract agreement
ASPICE, HIS	**ACQ.4**	Supplier monitoring
	ACQ.5	Customer acceptance
ASPICE	ACQ.11	Technical requirements
ASPICE	ACQ.12	Legal and administrative requirements
ASPICE	ACQ.13	Project requirements
ASPICE	ACQ.14	Request for proposals
ASPICE	ACQ.15	Supplier qualification

Supply Process Group (SPL)

ASPICE	SPL.1	Supplier tendering
ASPICE	SPL.2	Product release
	SPL.3	Product acceptance support

Engineering Process Group (ENG)

ASPICE	ENG.1	Requirements elicitation
ASPICE, HIS	**ENG.2**	System requirements analysis
ASPICE, HIS	**ENG.3**	System architectural design
ASPICE, HIS	**ENG.4**	Software requirements analysis
ASPICE, HIS	**ENG.5**	Software design
ASPICE, HIS	**ENG.6**	Software construction
ASPICE, HIS	**ENG.7**	Software integration test
ASPICE, HIS	**ENG.8**	Software testing
ASPICE, HIS	**ENG.9**	System integration test
ASPICE, HIS	**ENG.10**	System testing
	ENG.11	Software installation
	ENG.12	Software and system maintenance

Resource & Infrastructure Process Group (RIN)

RIN.1	Human resource management
RIN.2	Training
RIN.3	Knowledge management
RIN.4	Infrastructure

Process Improvement Process Group (PIM)

PIM.1	Process establishment
PIM.2	Process assessment
PIM.3	Process improvement

Supporting Process Group (SUP)

ASPICE, HIS	**SUP.1**	Quality assurance
ASPICE	SUP.2	Verification
	SUP.3	Validation
ASPICE	SUP.4	Joint review
	SUP.5	Audit
	SUP.6	Product evaluation
	SUP.7	Documentation
ASPICE, HIS	**SUP.8**	Configuration management
ASPICE, HIS	**SUP.9**	Problem resolution management
ASPICE, HIS	**SUP.10**	Change request management

Operation Process Group (OPE)

OPE.1	Operational use
OPE.2	Customer support

Reuse Process Group (REU)

REU.1	Asset management
REU.2	Reuse program management
REU.3	Domain engineering

Abb. 5.3 Automotive SPICE und HIS-Scope als Teil der ISO/IEC 15504-Prozesslandschaft (Quelle: Automotive SPICE)

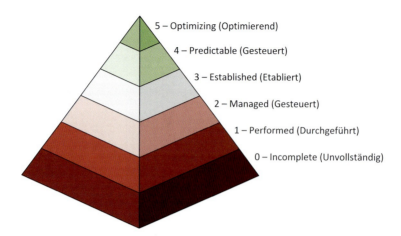

Abb. 5.4 Reifegrade gemäß ISO/IEC 15504 (Quelle: Automotive SPICE)

Der Reifegrad kann sowohl projektspezifisch als auch in größerem Umfang, zum Beispiel in Bezug auf den gesamten Systementwicklungsbereich, geprüft werden. Die Prüfung erfolgt in Form eines formellen Assessments.

Bei einem Assessment werden mehrere Aspekte eines Entwicklungsprozess, wie Anforderungsanalyse, System- und Softwaredesign, Implementierung, Test auf allen Ebenen sowie Unterstützungsprozesse wie das Projektmanagement oder die Qualitätssicherung über den standardisierten SPICE-Fragekatalog durch unabhängige Assessoren bewertet.

Jeder Prozess wird auf der Skala von „none, partly, largely, fully" benotet. Dabei liefert der Assessor nicht nur die Reife jedes SPICE-Bereiches, sondern auch eine ausführliche Analyse von Stärken und Schwächen des Prozesses.

In der Praxis wird diese Bewertung hauptsächlich auf Wunsch der OEMs bei Zulieferern vorgenommen. Dabei offenbaren sich nicht nur Vorteile des SPICE-Standards als Werkzeug für die Verbesserung von Entwicklungsprozessen. Kritiker sehen mehrere Schattenseiten dieser Vorgehensweise:

- **Die Objektivität der Assessments**. Es ist keine Seltenheit, dass zwei von verschiedenen Assessoren durchgeführten Assessments teils extrem unterschiedliche Bewertungen ergeben. In der Beraterpraxis der Autoren wurden bis zu zwei Reifegrade Unterschied bei verschiedenen Assessoren beobachtet. Dies hat im Wesentlichen folgende Gründe:
  – Ein Assessor, der inhaltlich sämtliche Prozesse des HIS-Scope selbst aus der Praxis kennt, ist eine äußerst seltene Spezies
  – Assessments sind Teil der regulären Vertriebsprozesse von Beratungshäusern. Da der Kunde aufgrund der psychosozialen Dynamik häufig dasselbe Beratungshaus anheuert, welches das Assessment durchgeführt hat, sind positive Assessments nicht unbedingt im allgemeinen Interesse der Assessoren

- **Der Aufwand**. Assessments alleine können mehrere zehntausend Euro verschlingen. Eine Prozessverbesserung nach dem Automotive SPICE-Standard ist eine Investition, die schnell mehrere Millionen Euro pro Reifegradsteigerung verschlingen kann.
- **Ausufernde Bürokratie**. Prozessverbesserungen resultieren nicht selten in Tausenden von Seiten mit Prozessbeschreibungen, Vorlagen, Arbeitsanweisungen und Checklisten. In Extremfall wird der SPICE-Standard 1:1 umgesetzt, wobei jeder Prozess als eigene Prozedur mit einem separaten, naturgemäß teils redundanten Handbuch aufgesetzt wird, was zu einem kaum beherrschbaren Bürokratieaufwand führt.
- **Nachweis des Nutzens**. SPICE-konforme Prozesse sind nicht nur teuer zu definieren; sie müssen anschließend gepflegt und weiterentwickelt werden, andernfalls werden sie schnell wertlos. Auch der durch qualitativ hochwertige Prozesse erzeugte Mehrwert ist nicht leicht zu messen, insbesondere nicht über kürzere Zeiträume. Die Vermutung ist daher nicht von der Hand zu weisen, dass kaum ein Lieferant SPICE-konforme Prozesse aus eigenem Antrieb implementieren würde, wenn seine Kunden ihn nicht dazu zwängen.
- **Verringerte Agilität**. Befürworter der agilen Vorgehensweisen beschweren sich, teils durchaus zu Recht, über die mangelhafte Beweglichkeit von Projektteams, in welchen eine SPICE-konforme Prozessdefinition zum Einsatz kommt.
- **Kompatibilität zu den OEM-Entwicklungsprozessen.** Zwar verlangen QA-Verantwortliche der OEMs umfangreich definierte, qualitätsgesicherte Arbeitsweisen, jedoch haben ihre eigenen Entwicklungsteams oft andere Vorstellungen. Diese wollen weder Pflichtenhefte ihrer Lieferanten abnehmen, noch auf die Freiheit verzichten, den Projektumfang kurz vor Produktionsstart doch noch zu ändern. Das verursacht Frustration in den Entwicklungsteams und führt die Prozesskonformität ad absurdum.

Trotz all dieser Nachteile stellt der Automotive SPICE-Standard bei gekonntem Einsatz ein nützliches Werkzeug dar, die Entwicklungsprozesse systematisch zu bewerten und zu verbessern. Des Weiteren stellt Automotive SPICE eine wichtige Grundlage dar für den weiteren Schritt bei der Sicherung der Zuverlässigkeit der Car-IT: die funktionale Sicherheit.

5.3.2 Funktionale Sicherheit

Der Standard ISO 26262 [30] für die funktionale Sicherheit (in deutschsprachigen Expertenkreisen auch liebevoll „FuSi" genannt) wurde für sicherheitsrelevante Industrien wie Luftfahrt, Eisenbahn und Automobilindustrie entwickelt. Die erste Version dieses Standards wurde im Jahre 2011 veröffentlicht und wird im Automobilbereich industrieweit eingeführt.

Im Unterschied zu dem Automotive SPICE-Standard, der sich in seiner aktuellen Version schwerpunktmäßig mit der Software beschäftigt, umfasst der FuSi-Standard sowohl Software als auch die Hardware. In diesem Verbund definiert der FuSi-Standard ein Rahmenwerk für die systematische Risikoanalyse und -vermeidung.

Die Einstufung der Sicherheitskritikalität eines zu entwickelnden Systems wird im Rahmen eines Assessments anhand folgender Faktoren vorgenommen:

- **Eintrittswahrscheinlichkeit (Exposure, „E")** – die Häufigkeit der Situationen, in denen eine potentielle Fehlfunktion sicherheitsrelevant sein kann.
- **Beherrschbarkeit (Controllability, „C")** – die potentielle Fähigkeit des betrachteten Systems, die Folgen von Fehlfunktionen zu beherrschen.
- **Schwere des Fehlers (Severity, „S")** – wie schwer ist die Auswirkung einer Fehlfunktion, wenn sie nicht beherrscht werden kann.

Auf der Grundlage der obigen Faktoren wird eine Kritikalität, die sogenannte ASIL (**A**utomotive **S**afety **I**ntegrity **L**evel) Klassifikation vorgenommen. Dabei wird das System entweder als „QM" eingestuft oder auf der Skala von ASIL-A bis ASIL-D. QM bedeutet, dass während der Systementwicklung die üblichen Qualitätssicherungsmaßnahmen ausreichen. A ist die niedrigste Risikostufe, D die höchste (Abb. 5.5).

Bei der Risikoanalyse werden mehrere systematische Verfahren eingesetzt, unter anderem:

- **Qualitativ**, mit dem Ziel der Identifizierung möglicher Fehler. Dazu dienen folgende Verfahren:
  - Qualitative FMEA (Failure Mode and Effects Analysis, zu Deutsch Fehlermöglichkeits- und einflussanalyse). FMEA ist im Wesentlichen eine synthetische „Bottom-Up" – Betrachtung der Systemdekomposition hinsichtlich der Auswirkung möglicher Fehler im unteren Knoten des Baumes auf die übergeordneten Baugruppen
  - FTA (Fault Tree Analysis), im Wesentlichen eine deduktive „Top-Down" Dekomposition von Fehlerzuständen in ihre ursächlichen Teilsysteme
  - HAZOP (**Ha**zard and **Op**erability, zu Deutsch PAAG, **P**rognose, **A**uffinden und Ursache, **A**bschätzen der Auswirkungen, **G**egenmaßnahmen)
  - Qualitative ETA (Event Tree Analysis)
- **Quantitativ**, zur Einschätzung der Häufigkeit von Fehlern. Dazu dienen folgende Verfahren:
  - Quantitative FMEA
  - Quantitative FTA
  - Quantitative ETA (Event Tree Analysis) – eine statistische Analyse von Auswirkungen möglicher äußeren Einflussgrößen auf die resultierenden, systeminternen Ereignisse

5.3 Qualitätsstandards für Systementwicklungsprozesse

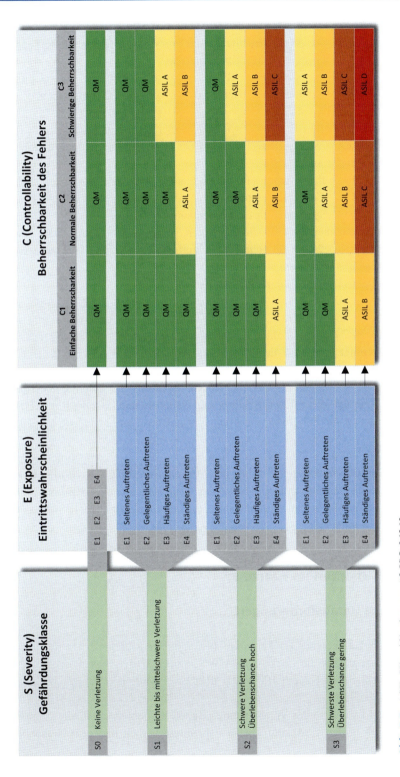

Abb. 5.5 ASIL-Klassifikation gemäß ISO 26262

- Markov-Modelle – Betrachtung von Abhängigkeiten zwischen Zuständen eines Systems, der mit Wahrscheinlichkeiten versehenen Zustandsübergänge und möglicher Auswirkungen dieser Übergänge
- Reliability Block Diagrams (RBD) – eine statistische Betrachtung der Verlässlichkeit einzelner Komponenten im Kontext des Gesamtsystems

Zu jedem der riskanten Ereignisse wird ein Sicherheitsziel („Safety Goal") definiert und mit jedem dieser „Safety Goals" wird auf der Grundlage der obigen Betrachtungen eine ASIL-Einstufung assoziiert.

Auf dieser Grundlage wird ein umfassendes funktionales Sicherheitskonzept („Functional Safety Concept") entwickelt in dem analysiert wird, wie man die Sicherheitsziele beim Systementwurf erreichen kann.

Es würde den Rahmen dieses Buches sprengen, weiter auf die Details dieser Methoden einzugehen. Der ISO 26262–Standard allein umfasst zehn Bände von insgesamt über 450 Seiten. Die Interpretation des Standards und die Methoden, inklusive der oben genannten, bildet schon eine kleine Bibliothek.

Angesichts des Umfangs und der Tiefe der Anforderungen im Rahmen des „FuSi"-Standards stellt sich die Frage, welchen Einfluss die Standardkonformität auf die Projektkosten hat. Genaue Zahlen fehlen noch, eine grobe Schätzung aus unserer Beraterpraxis suggeriert, dass die Entwicklungskosten für ein ASIL D-Projekt schnell das Doppelte eines vergleichbaren QM-Projekts erreichen können. Da jedoch Sicherheit über alles geht, ist der Einsatz des ISO 26262-Standards im Automobilbereich alternativlos. Das sehen die OEMs genauso und erheben den Standard inzwischen zu der Voraussetzung für Zulieferer, um überhaupt auf die Lieferantenliste aufgenommen zu werden.

Da der ISO 26262 – Standard eine Automotive SPICE – kompatible Struktur des Entwicklungsprozesses aufsetzt, wird die Automotive SPICE-Konformität implizit vorausgesetzt. Im Umkehrschluss bedeutet das, dass ohne einen SPICE-konformen Prozess, am besten auf der dritten Reifegradstufe, die geforderte funktionale Sicherheit kaum gewährleistet werden kann.

5.4 IT-Sicherheit im Fahrzeug

5.4.1 Neue Herausforderungen

Fast fünf Jahre lang konnten Hacker mit relativ einfachen Mitteln per Handy einen BMW öffnen und starten, bis die Lücke im BMW ConnectedDrive-System schließlich Ende 2014 veröffentlicht und durch BMW bei über zwei Millionen Fahrzeugen umgehend behoben wurde [39].

Im Juli 2014 während der Veranstaltung „Battele CyberAuto Challenge" im Bundesstaat Michigan in den USA zum Thema Fahrzeugsicherheit hatte ein vierzehnjähriger

5.4 IT-Sicherheit im Fahrzeug

Teilnehmer mit einem am Abend zuvor aus marktüblichen Komponenten zusammengelöteten Schaltkreis das Publikum verblüfft, indem er innerhalb von Minuten ein Fahrzeug hackte und den vollen Zugriff auf verschiedene Fahrzeugsysteme erlangte [40]. Sowohl der Name als auch die Fahrzeugmarke wurden nicht an die Öffentlichkeit weitergereicht.

Noch überraschender ist die Möglichkeit, über eine akustisch völlig normal klingende, manipulierte MP3-Datei die volle Kontrolle über ein marktübliches Fahrzeug zu erlangen, wie die Forscher der University of Washington im Jahre 2011 demonstrieren konnten [41]. Das Team konnte die Kontrolle über das Fahrzeug auch über andere Kanäle erfolgreich übernehmen, wie zum Beispiel über die Bluetooth-Schnittstelle.

Während die traditionell verstandene Fahrzeugsicherheit (engl. *car safety*) in Form des ISO 26262-Standards in der Automobilindustrie inzwischen angekommen ist, deutet alleine schon die Häufung kritischer Berichte in den Medien darauf hin, dass die IT-Sicherheit (engl. *car security*) noch ein gutes Stück von solcher Prominenz entfernt ist. In seinem Bericht äußerte sich der Senator des US-amerikanischen Bundesstaates Massachusetts, Edward J. Markey, sehr besorgt darüber, dass führende Fahrzeughersteller die IT-Sicherheit immer noch signifikant vernachlässigen [42]. Dabei ist nicht nur die „Hackbarkeit" der Systeme ein wunder Punkt, sondern auch die ungesicherte und anscheinend willkürliche Massendatensammlung und Übertragung an Herstellerzentralen, die laut dem Bericht in praktisch allen modernen Fahrzeugen stattfindet.

Highlights des Berichts von Sen. E. Markey

- Fast alle Fahrzeuge nutzen unsichere, drahtlose Technologien.
- Die meisten Automobilhersteller wussten nichts über erfolgte Hackerangriffe auf ihre Fahrzeuge.
- Sicherheitsmaßnahmen zur Verhinderung eines Zugriffs auf die Fahrzeugelektronik sind inkonsistent und planlos.
- Nur zwei Automobil-Hersteller konnten überhaupt Schutzmaßnahmen benennen. Dabei setzen sie auf ungeeignete Technologien.
- Automobilhersteller sammeln erhebliche Datenmengen über Fahrten und Fahrzeugverhalten.
- Fahrzeugdaten werden gesammelt und drahtlos an eigene und fremde Datencenter übertragen. Die Datensicherheit ist dabei unklar.
- Hersteller nutzen personenbezogene Fahrzeugdaten im großen Stil, u. A. „zur Verbesserung der Kundenzufriedenheit". Die Daten werden an externe Unternehmen weitergegeben.
- Kunden werden über die Datensammelwut nicht informiert – und wenn doch, dann können sie dagegen keinen Einspruch einlegen ohne auf wichtige Features wie die Navigation verzichten zu müssen.

Und zu Recht, denn empirische Untersuchungen an ausgewählten Fahrzeugen bringen Überraschendes zutage. Ein weiterer Bericht des bereits erwähnten Forscherteams von der University of Washington liest sich für Experten wie ein Krimi (frei übersetzt aus dem Bericht [43]):

„Wir konnten zeigen, dass ein Angreifer in der Lage ist, nahezu jede ECU (Electronic Control Unit) zu infiltrieren und darüber den vollen Zugriff auf eine Reihe sicherheitskritischer Systeme zu erlangen".

Um zu einer tödlichen Gefahr zu werden, benötigten die Forscher noch nicht einmal einen gezielten Zugriff auf ECUs. Versendung von zufälligen Paketen auf dem CAN-Bus, die sogenannte „Fuzzing"-Technik mithilfe eines „Fuzzers" (eines Zufallspaketgenerators), genügt:

„Zu unserer Überraschung war es für die Durchführung schwerwiegender Angriffe noch nicht einmal notwendig, irgendeine Fahrzeugkomponente zu analysieren. Da die Bandbreite gültiger CAN-Pakete recht überschaubar ist, kann durch einfaches Fuzzing ein erheblicher Schaden angerichtet werden (...)."

Die Forscher konstatierten:

„Wir fanden, dass heutige Fahrzeugsysteme – zumindest die von uns getesteten – äußerst zerbrechlich sind. Unsere einfachen Fuzzing-Angriffe waren sehr wirksam. Erstaunlicherweise veränderten zufällig versendete CAN-Pakete den Zustand unserer Fahrzeuge. Daraus folgern wir, dass mithilfe eines Fuzzers beliebige Fahrzeuge gestört werden könnten."

5.4.2 Angriffsmöglichkeiten auf die Car-IT

Sobald also der Angreifer, zum Beispiel über Sicherheitslücken in drahtlosen Verbindungen den Zugriff auf den CAN-Bus erlangen kann, kann er leicht Angriffe mit lebensgefährlichen Folgen durchführen. Dabei stellen nicht nur moderne Assistenzsysteme, sondern auch die längst etablierten und weit verbreiteten Systeme in älteren Fahrzeugen eine leichte Beute dar.

Angriffe auf die Fahrzeug-IT können grundsätzlich zwei Ziele verfolgen:

- Funktionale Störung oder unerwünschte Manipulation von Bordsystemen
- Missbrauch der im Fahrzeug enthaltenen Daten

Die funktionalen Angriffe beeinflussen die Funktionalität von Bordsystemen und können lebensgefährlich sein. Die Ziele für Angriffe, die eine Bedrohung für Leib und Leben bedeuten können, sind hauptsächlich aktive, Software-basierte Komponenten im Fahrzeug, zum Beispiel:

- Bremssysteme als Teil der ABS-Funktionalität
- Geschwindigkeitsregelanlage

5.4 IT-Sicherheit im Fahrzeug

- Lenkung in allen Fahrzeugen mit Komfortlenkung (Aktivlenkung)
- Scheibenwischer
- Motor- und Kraftstoffmanagement
- Einparkassistenten
- Fahrzeugbeleuchtung innen/außen, usw.

Andere Systeme, die nicht fahrsicherheitsrelevant sind, können ebenfalls gestört werden:

- Multimediasysteme und Kommunikationssysteme, womöglich gefährlich durch extreme Erhöhung der Lautstärke
- Navigationssystem inklusive der Ortung (GPS)
- elektrische Fensterheber und Schiebedächer
- Anzeigen in der Instrumententafel, wie Geschwindigkeit, Kraftstoff, Ölstand, Temperatur, etc.
- Heizung, Belüftung und Klimaanlage
- pneumatische Luftfederung
- Fahrzeugzugangskontrolle (Fahrzeugdiebstahl)

Der Datenmissbrauch ist dagegen in der Regel nicht fahrsicherheitsrelevant. Er kann unter anderem unter betrügerischen Absichten erfolgen. Zum Beispiel:

- Identitätsdiebstahl
- Manipulation der Mautsystemintegration
- Diebstahl digitaler Guthaben (zum Beispiel über eine manipulierte App-Abrechnung)
- Unerlaubte Fahrzeuginsassenüberwachung (akustisch, optisch)
- Missbrauch von Datenverbindungen durch Dritte (z. B. Fahrzeug-Hotspot)
- Diebstahl von Mediendaten (Musik, Video)
- Einspielen von Bots, von den Gefahr für Außenstehende ausgeht (z. B. andere Fahrzeuge im Zuge der Car-2-Car-Kommunikation)

Die Angriffe können auf vielfältige Art und Weise erfolgen, zum Beispiel:

- Gezielte Manipulation einzelner Bordsysteme über den Fahrzeug-Datenbus (CAN etc.)
- DoD (Denial of Service)-Angriffe, wodurch Systeme oder sogar die gesamte Fahrzeug-IT lahmgelegt werden kann
- Einspielen manipulierter Software in einzelnen Bordsystemen (manipulierte Firmware-Updates, z. B. über die Diagnose-Schnittstelle)
- Einspielen unerwünschter Apps (zum Beispiel über Internet-Verbindung)
- Fahrzeuglähmungen zur Cyber-Erpressung (ähnlich zum erpresserischen Kryptovirus, bei dem Benutzerdaten verschlüsselt werden und gegen Bezahlung ein Entschlüsselungscode zur Verfügung gestellt wird).

Zugangskanäle für mögliche Angriffe sind vielfältig, zum Beispiel:

- Direkte oder WLAN-Diagnoseschnittstelle (OBD, On-Board Diagnostics)
- On-board WLAN-Hotspot
- Daten-Mobilfunkverbindungen, insbesondere auch mobile Apps und Integration mit mobilen Geräten
- Bluetooth-Schnittstelle
- Multimedia-Geräte (über manipulierte Medien)
- Schlüssellose („Smart Key") Zugangskontrollsysteme
- Apps

Bei modernen Fahrzeugen ist es nicht mehr möglich, diese von den Gefahren zu isolieren und sie somit vor möglichen Angreifern zu schützen. Drahtlose Schnittstellen zur OBD sind ab Werk enthalten. Auch zunehmend als Standard fest eingebaute SIM-Karte (Notruf) stellt ein permanentes Angriffspotential dar.

Die Isolierung ist nicht nur unmöglich, stattdessen wird das Gegenteil eintreffen. Autos sind künftig Datenknoten im IoT-Universum (Internet of Things). Somit ist jedes Auto von jedem Winkel der Erde aus in Sekundenbruchteilen zu erreichen – auch für kriminelle Hacker.

5.4.3 Schutz der Car-IT vor Angriffen

Bevor Computerviren für den PC on den achtziger Jahren zu einer medialen Sensation wurden, existierte kein einziges Virenschutzprogramm. Heute sind dagegen dutzende Viren- und Malwareschutz-Programme und Firewalls, welche Sicherheit vor Schadsoftware versprechen.

Die Dimension der Aufgabe ist enorm. Alleine die Anzahl von bekannten Viren, die im Netz zirkulieren, wächst exponentiell (Abb. 5.6).

Währen im Jahre 1990 ca. 180 Computerviren bekannt waren, waren es 2012 bereits 17 Millionen. Wenn man alle Arten von Schadsoftware berücksichtigt, ist die Entwicklung noch beeindruckender. Der Sicherheitsspezialist Panda Security meldet im Jahre 2014 220 Millionen (!) erkannte Schadsoftwaretypen [46]. Laut Panda sind 34 % aller existierenden Schadsoftwaretypen, die es seit je gibt, im Jahre 2014 entstanden. Es ist nicht unrealistisch zu erwarten, dass im Jahre 2015 die Zahl an 400 Millionen verschiedener Computer-Schädlinge ansteigen könnte.

Dabei ist das nur eine der vielfältigen Angriffsarten, die in der Car-IT zu erwarten ist. Die Zahl der Angriffe auf Systeme aller Art geht in die Milliarden pro Jahr.

Vor diesem Hintergrund ist die Einsicht beunruhigend, dass es eine völlige Fahrzeug-IT-Sicherheit nach aktuellen Erkenntnissen grundsätzlich nicht geben kann. Beispielsweise ist es nicht möglich, alle existierenden Angriffe überhaupt zu identifizieren. Fred Cohen an der Lehigh University in Pennsylvania hat bereits im Jahre 1987 gezeigt, dass es

5.4 IT-Sicherheit im Fahrzeug

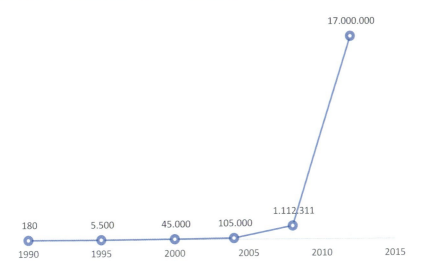

Abb. 5.6 Anzahl bekannter Computer-Viren (Quellen: F-Secure, Symantec)

keinen Algorithmus kann, der alle Viren erkennen kann [45]. Daran hat sich bis heute nichts verändert. Die IT-Sicherheit im Fahrzeug bleibt daher ein ständiges Kräftemessen zwischen den Automobilherstellern und Angreifern, bei dem nicht immer nur eine Seite gewinnen wird.

Vor diesem Hintergrund sind folgende Maßnahmen zu ergreifen:

- Verhinderung von Angriffen
- Entdeckung von Angriffen
- Verkehrssicherheit trotz unsicherer Car-IT
- IT-Sicherheitsorientiertes Vorgehen bei der Systementwicklung

Eine effektive **Verhinderung von Angriffen** kann durch sichere Verschlüsselung und ein sicheres Schlüsselmanagement weitgehend erzielt werden. Dabei werden Daten- und Kommunikationsbestände in Bordsystemen verschlüsselt, wobei die dazu gehörigen Schüssel extern (durch die „Certificate Authority") kontrolliert werden. Dadurch kann eine sehr sichere interne Fahrzeug-Kommunikation erzielt werden. Es gibt innerhalb der Europäischen Union eine Reihe von Initiativen, die eine angriffssichere Systemlösung anstreben, u.a. das EU-Projekt EVITA und die unter anderem von Volkswagen und Bosch betriebene Entwicklung einer sicheren Plattform „OVERSEE", die en einer sicheren, offenen IT-Plattform für die künftige Fahrzeug-IT arbeitet. Für OVERSEE bietet die Bosch-Tochter ESCRYPT bereits eine Lösungsfamilie [47].

Die **Entdeckung von Angriffen** erfordert eine ständige Überwachung der Kommunikation im Fahrzeug. Da weder alle aktuell möglichen Angriffe erkennbar sind, noch ist klar, wie sie sich in Zukunft entwickeln werden, muss die Lösung auf statistische Methoden setzen. Ein Beispiel für eine derartige Lösung ist das Produkt NEM (Network Enforcement

Module) der amerikanischen Firma Battelle [48]. Das System überwacht in Echtzeit die Fahrzeugkommunikation. Falls ein ungewöhnliches Verhalten im Fahrzeug entdeckt wird, zum Beispiel verdächtiges Aufschließen des Fahrzeugs, unautorisierte Manipulation der Firmware oder DoS-Angriffe, schlägt das System Alarm. Dabei kann der Fahrer, der Hersteller, oder sogar die zuständige Behörde über den entdeckten Angriff automatisch informiert werden.

Verkehrssicherheit trotz unsicherer Car-IT: Da es nach diesen Erkenntnissen unmöglich ist, alle Angriffe vor ihrem Auftreten zu erkennen und zu verhindern, muss das Fahrzeug sicher bleiben, auch, wenn die Bordsysteme bösartig manipuliert oder gestört werden. Zum einen ist zu erwarten, dass der aktuelle Standard ISO 26262 in diesem Sinne bald erweitert wird. Zum anderen ist anzunehmen, dass zusätzlich zu der funktionalen Sicherheit weitere Standards eingeführt werden, welche während der Entwicklung der künftigen Fahrzeuge die Internetsicherheit (engl. „Cyber Security"). Nur eine pro-aktive Strategie zur Abwehr von Angriffen und Bewältigung von erfolgten Angriffen kann die Wahrscheinlichkeit von Unfällen durch mangelhafte IT-Sicherheit so weit minimieren, dass Menschen ohne große Bedenken in ein selbstfahrendes Fahrzeug einsteigen werden.

Diese Maßnahmen sind natürlich nur eine Komponente eines erfolgreichen IT-Sicherheitskonzepts. Grundsätzlich gilt für die künftigen Fahrzeugsysteme, dass sie nicht nur im Kontext der funktionalen Sicherheit, sondern auch **im Kontext der IT-Sicherheit von Grund auf entwickelt werden müssen**. Das bedeutet, dass die Systemarchitektur bereits bei ihrer Entstehung die Anforderungen der IT-Sicherheit berücksichtigen muss. In diesem Bereich kann der Standard ISO 15408, bekannt als „Common Criteria" („Common Criteria for Information Technology Security Evaluation"), zum Einsatz kommen. Die ISO 15408 normt die Evaluierung der Systementwürfe für die geforderte IT-Sicherheit. Dabei werden – ähnlich wie die „ASIL"-Level in der ISO 26262 – die Evaluation Assurance Levels (EAL) angesetzt, der die Verifikation der geforderten IT-Sicherheit des betrachteten Systems regelt:

EAL1 funktional getestet
EAL2 strukturell getestet
EAL3 methodisch getestet und überprüft
EAL4 methodisch entwickelt, getestet und durchgesehen
EAL5 semiformal entworfen und getestet
EAL6 semiformal verifizierter Entwurf und getestet
EAL7 formal verifizierter Entwurf und getestet

Die EAL-Stufen werden im Kontext der zu prüfenden Funktionalität definiert, zum Beispiel Kommunikation, Privatsphäre oder Sicherheitsprotokollierung. Das Verfahren wird, ähnlich wie ISO 26262, durch Zertifizierungen infolge eines Assessments abgerundet.

Ob Common Criteria in dieser Form bei OEMs und Zulieferern Einzug hält, ist noch unklar. Sicher ist jedoch, dass in Zukunft alle Akteure bereits in der Systementwurfsphase deutlich mehr für die IT-Sicherheit ihrer Produkte tun müssen.

5.5 Künftige Entwicklungen bei den Standards

In praktisch jeder nicht-trivialen Ausschreibung wird mindestens der zweite Reifegrad gemäß des Automotive SPICE – Standards verlangt. Dabei erwarten OEMs, dass ihre Zulieferer auf Wunsch durch Assessments beweisen, deren sie die Anforderungen der Standards erfüllen. Selbstverständlich tragen die Zulieferer in der Regel alle Assessmentkosten. Ähnliche Entwicklung ist inzwischen bei der der funktionalen Sicherheit beobachten.

Zusätzlich zu FuSi und ASPICE wird die Einhaltung von weiteren Standards erwartet, wie ISO/TS 16949, Einsatz genormter Systemarchitekturen nach AUTOSAR, den traditionellen Standard ISO 9001, das Umweltmanagementsystem ISO 14001 usw.

Dabei stellt alleine der Kostenblock ISO 26262/Automotive SPICE für Zulieferer einen erheblichen Investitionsbetrag dar. Erarbeitung und Einführung eines ASPICE-konformen Entwicklungsprozesses kann Millionen verschlingen. Die laufende Pflege der Prozesse und ihrer Einhaltung kann die Entwicklungskosten um 30–50 % steigern. Die bereits erwähnte geschätzte Verdopplung dieser Kosten durch FuSi (speziell bei ASIL D – Projekten) kommt noch dazu.

Kleinere Zulieferer stöhnen bereits jetzt unter der steigenden Last von Prozessverbesserungsmaßnahmen, Assessments und Auflagen. Da zugleich die OEMs oft nicht bereits sind, ihren Lieferanten diese Kosten zu erstatten, entsteht eine kritische Belastung des Kunden-Lieferantenverhältnisses auf allen Ebenen der Lieferkette.

Zugleich werden die Standards immer weiter entwickelt. Angesichts der steigenden Kritikalität der Software/Hardware – Systeme im Fahrzeug ist ein steigender Umfang der Sicherheitsanforderungen zu erwarten.

Es wird zurzeit an der nächsten Version von Automotive SPICE gearbeitet. Angesichts der steigenden Integration von System- und Softwareentwicklung ist zu erwarten, dass die neue Version des Standards stärker an Lebenszyklen von Systemen und Software angelehnt wird als dies bisher der Fall war. Durch die Ausweitung des ursprünglich auf Software fokussierten Standards auf die Systementwicklungsbereiche wird es für Systemhersteller erforderlich sein, existierende Systementwicklungsprozesse an die neue Standardversion anzupassen. Abzuwarten ist auch, welche Prozesse künftig in den verbindlichen „HIS-Scope" aufgenommen werden, der erfahrungsgemäß vertraglich sanktioniert wird.

Zusätzlich ist eine weitere Integration der Standards für funktionale Sicherheit und Automotive SPICE zu erwarten. Da der FuSi-Standard bereits äußerst umfangreich ist, sind erhebliche Erweiterungen im Bereich ISO 26262 in den nächsten Jahren nicht zu befürchten.

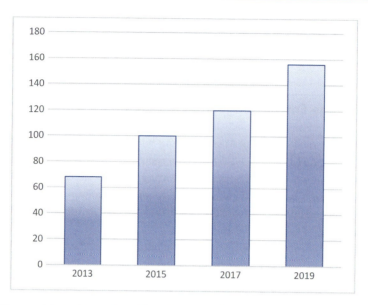

Abb. 5.7 Prognostizierte Entwicklung des weltweiten Marktes für Datensicherheit, in Milliarden US$ (Quellen: ASDReports, ZeroDayLab, MarketsAndMarkets)

Standards für die IT-Sicherheit im Fahrzeug sind relativ neu aber stark im Kommen. Das Fahrzeug wird künftig Teil der globalen Infrastruktur sein. Das Internet of Things (IoT) – Internet der Dinge – ist eine Welt, in der sogar eine Bratpfanne von einem fernen Kontinent gehackt werden kann. Bei sicherheitssensitiven „Dingen" wie dem Fahrzeug ist diese Sicherheit jedoch lebenswichtig. Wie kann ein Fahrzeug in einem IoT-Universum sicher bleiben?

Es erscheint offensichtlich, dass die Industrie nach dem gewohnten Muster reagieren muss und wird: es werden neue Standards erschaffen und bestehende verschärft. Die Standards ISO 26262 und ISO 15408 (Common Criteria) könnten zusammenwachsen. Es wird einen steigenden Standardisierungsdruck geben, der mit steigenden Entwicklungskosten einhergehen wird. Dies wird deutlich bei der Betrachtung des wachsenden Marktvolumens für die Datensicherheit, inklusive Fahrzeugsicherheit. Im Jahre 2015 soll der Jahresumsatz 100 Milliarden US$ und in 2019 knapp 160 Milliarden erreichen. In der Zeitspanne von fünf Jahren zwischen 2013 und 2019 wächst der Markt demnach um den Faktor 2,4 (!). Diese Kosten tragen natürlich die Anwender (Abb. 5.7).

Sobald OEMs wohldefinierte Standards für die IT-Sicherheit in die Lieferantenverträge festschreiben, wird der Kostendruck bei den Zulieferern in ähnlicher Weise steigen.

Diese Entwicklung eröffnet für die Beraterbranche neue Umsatzopportunitäten. Ein Kritikpunkt an Common Criteria – Standard ist nämlich, dass das Zertifizierungsverfahren extrem aufwendig und sehr papierlastig ist. Für Berater ein ideales Betätigungsfeld – für Zulieferer eine enorme Herausforderung, die sie im harten Wettbewerb untereinander bewältigen müssen.

Aufgrund der steigenden Risiken im Bereich der Fahrerassistenzsysteme und ultimativ beim autonomen Fahren ist eine Ausweitung aller Standards absehbar. Es ist mit einem steigenden Aufwand im Bereich der Qualitäts- und Sicherheitsstandards zu rechnen.

Durch diese Entwicklung werden Marktzutrittsbarrieren im Automobilzulieferermarkt erhöht und so den Wettbewerb zwischen etablierten Unternehmen und (potentiellen) Marktneulingen verzerrt. Das kann für OEMs unangenehme Nebenwirkungen entwickeln. Da nämlich die OEMs kaum noch in der Lage sind, ihre Fahrzeuge selbst zu entwickeln, wird die Macht von etablierten, großen Zulieferern steigen. Dadurch kann der Kostendruck anschließend auf die OEMs zurückgegeben werden.

Resümee 6

> **Zusammenfassung**
>
> Das selbstfahrende Fahrzeug wird kommen. Die Frage ist nicht mehr ob, sondern wann genau werden sie zu einem Massenprodukt. Die Folgen werden weitreichend sein: für Autofahrer, für Autohersteller, für Autozulieferer und für die gesamte Volkswirtschaft. Die Veränderungen werden sowohl positiv als auch negativ sein.

6.1 Folgen für Fahrzeugnutzer

6.1.1 Steigende Komplexität

Das Fahrzeug entwickelt sich immer mehr zu einem Rechenzentrum auf Rädern. Die Änderung wird sich mit Sicherheit nicht sprunghaft vollziehen. Sie wird jedoch so tiefgreifend sein wie etwa in der Telekommunikation die Evolution vom Telegraphen über Bakelit-Telefone mit Drehscheibe bis hin zu leistungsfähigen Smartphones.

Auch an der Benutzerfreundlichkeit der neuen Systeme muss noch gearbeitet werden. Das technisch ausgereifteste Fahrzeug nützt wenig, wenn die Technik dem Fahrer zu umständlich erscheint. Dieser Aspekt muss von Autoherstellern ernst genommen werden. So schreibt beispielsweise die Wirtschaftswoche über ein mit Technik vollgepacktes Fahrzeug:

„Positiv: Große Funktionsvielfalt, Twitter- und Facebook-Zugang möglich. Negativ: Display-Integration wirkt nicht durchdacht, kein Touchscreen, unglückliche Bezeichnung der Funktionen führt zu Fehlern, verschachtelte Menüstruktur, Bedienung über drei Ebenen, Öffnen der Apps ohne Handbuch kaum möglich, Texteingabe über unpraktische ABC-Zeile, wenig nützliche Spracheingabe [26]."

Dies ist für OEMs ein fundamentales Problem, denn viele der teuren Assistenzsysteme stellen Optionen dar, die der Kunde kaufen kann aber nicht muss. Die OEMs ergreifen daher erste Gegenmaßnahmen. BMW, zum Beispiel, führt für seine Autohäuser die

Institution eines „*Genius*" – analog zu den Apple *Geniuses* in Apple Stores – ein, also eines Spezialisten, dessen Aufgabe ist es, den (potentiellen) Kunden die Nutzung der Bordsysteme verständlich zu erklären. Die folgende Jobbeschreibung des-Genius bei BMW in Großbritannien, frei übersetzt aus dem Englischen, weißt auf diese Strategie klar hin:

Als BMW Genius, wird Ihre Hauptaufgabe sein, als engagierte Persönlichkeit die Besucher der BMW Zentren in für Funktionen und Vorteile der neuesten BMW Produkte und Technologien zu begeistern. Sie werden den Interessenten mit spannenden Informationen bei Testfahrten zur Seite stehen sowie den Verkaufsleiter bei der Vorstellung von Produktoptionen unterstützen. Vorkenntnisse über BMW-Produkte sind nicht erforderlich. Im Rahmen unseres umfassenden Schulungsprogramms lernen Sie alles, was Sie wissen müssen, um ein BMW Genius zu werden. [38]

Trotz aller Bemühungen ist sicherlich zu erwarten, dass zumindest in der Übergangszeit, bis die Spracherkennung und die Intelligenz der Bordsysteme die meisten Funktionen ohne Schalter und Touchscreens meistern, viele beispielsweise ältere Fahrer Schwierigkeiten haben werden, die Wunder der modernen Car IT nutzen zu können.

6.1.2 Veränderung in der Produktwahrnehmung

Sobald Autos so leicht zu bedienen sind wie Kaffeemaschinen, werden sie auch so genutzt: bei jeder Gelegenheit und ohne eine besondere Vorbereitung. Führerscheine werden überflüssig, Fahrer werden zu Passagieren.

Das autonome Fahrzeug wird in das „Internet of Things" eingebettet sein. Der Mehrwert des Fahrzeugs wird an seiner Dienstvielfalt gemessen werden, von nahtloser Integration mobiler Geräte über umfassende Multimediafunktionalität bis hin zu elektronisch gesteuerten Wohlfühlfaktoren wie persönliche Klimasteuerung oder eine Fuß- und Rückenmassage.

Dabei werden viele Funktionen voraussichtlich immer weiter personenbezogen und immer weniger fahrzeugbezogen sein. Dies wird insbesondere bei Konzepten wie das Car-Sharing dafür sorgen, dass sich der Passagier in jedem aktuell genutzten Fahrzeug heimisch fühlen wird. Das „personalisierte" Fahrzeug wird zu einer temporären – statt wie traditionell fahrzeuggebundenen – Option werden. Dies kann sogar auf das Exterieur des Fahrzeugs ausgeweitet werden, wie die variable Lackfarbe oder sogar teilweise veränderbare Form bestimmter Karosseriemerkmale.

Da das Fahren an sich nebensächlich wird, werden sich Fahrzeuginsassen – ähnlich wie heute in einem Zug – auf ihre elektronischen Geräte konzentrieren. Das Smartphone wird immer weiter zum technologischen Epizentrum des Verbrauchers. Das stellt für traditionsreiche Fahrzeughersteller ein Problem dar, denn sie sind es gewohnt, dass das Fahrzeug im Zentrum der Aufmerksamkeit des Fahrers stand. Naturgemäß unterstellen sie auch heute noch ihren Kunden, dass diese ein wachsendes Interesse an weiteren Funktionen ihrer Autos haben (Abb. 6.1).

6.2 Folgen für Autohersteller und ihre Zulieferer

Abb. 6.1 Stellung des Fahrzeugs aus Sicht der Autohersteller

Das sehen die künftigen Kunden zunehmend anders. Es sind nämlich ihre mobilen Datengeräte wie die Smartphones, die zunehmend im Zentrum ihrer Aufmerksamkeit liegen (Abb. 6.2).

Anstatt immer weitere Funktionen im Fahrzeug zu verlangen, werden die Kunden daher zunehmend erwarten, dass sich ihre mobilen Geräte nahtlos in ihre Fahrzeuge integrieren lassen, und Funktionen wie Entertainment, Navigation und Kommunikation von ihrem mobilen Gerät ausgehend benutzt werden. Das kann den Smartphone-Herstellern entscheidenden Einfluss auf die Automobilbranche bescheren.

6.2 Folgen für Autohersteller und ihre Zulieferer

6.2.1 Verschiebung der Technologieschwerpunkte

Der rasche Vormarsch der Car IT bedeutet für die Automobilindustrie einen Kulturschock. Bei Software dachte man bisher eher an Startups in Silicon Valley als an den ehrwürdigen Maschinenbau. Software bringt schwer zu fassende Komplexität, ausufernde Funktionsvielfalt, Bedarf an Agilität, und harte Konkurrenz mit sich.

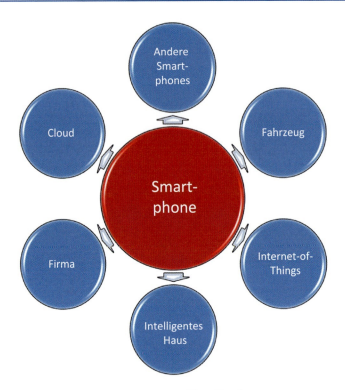

Abb. 6.2 Stellung des Fahrzeugs aus Sicht der künftigen Kunden

Dies alles stellt eine Herausforderung für Autohersteller dar. Die mechanische Ingenieurskunst weicht der Informationstechnologie. Es ist für Lieferanten kaum möglich, diese Funktionsvielfalt und die Komplexität der IT-Systeme sowie der damit verbundenen Prozesse alleine zu beherrschen. Es bilden sich daher zunehmend Allianzen, die über die Industriegrenzen hinausgehen. Google, Apple & Co. sind in Wolfsburg, München und Stuttgart mittlerweile häufige Gäste (Abb. 6.3).

Zum anderen jedoch wollen die Autohersteller nicht das Zepter aus der Hand geben und gründen selbst im kalifornischen Silicon Valley eigene Entwicklungszentren. Alle sind bereits da – Audi, BMW, Volkswagen, Mercedes, Toyota, Ford, Honda, Hyundai, General Motors, Renault-Nissan. Zulieferer ziehen nach – Continental, Bosch, Delphi, Denso betreiben Forschungszentren in Kalifornien. Dort buhlen sie alle um das rare Gut: talentierte Entwickler und Forscher, die Software und Elektronik für die IT-lastige, automobile Zukunft entwickeln sollen.

Neidisch schielen die Automobilhersteller auf die astronomische Gewinnmarge des iPhone-Herstellers Apple und möchten einen Stück vom digitalen Kuchen haben. Denn während beispielsweise die niedrige Rendite der deutschen Autohersteller in der Regel einstellig ist und häufig sogar über längere Zeiträume negativ ist [36], genießt Apple Jahr für Jahr eine traumhafte Umsatzrendite jenseits der 20 %-Marke. Schon wird gemunkelt,

6.2 Folgen für Autohersteller und ihre Zulieferer

	Apple CarPlay	Microsoft Embedded Automotive	Google Open Automotive Alliance	GENIVI
Acura			✓	
Audi	✓		✓	
BMW	✓			✓
Chevrolet	✓		✓	
Chrysler	✓		✓	
Fiat	✓		✓	
Ford	✓	✓	✓	
GM				
Honda	✓		✓	✓
Hyundai	✓		✓	✓
Infiniti			✓	
Jaguar/Landrover	✓			✓
Kia	✓	✓	✓	
Mercedes	✓			
Nissan	✓	✓	✓	✓
Opel	✓		✓	
PSA Peugeot Citroën	✓			✓
Renault			✓	✓
SAIC				✓
Skoda			✓	
Toyota	✓			
Volvo	✓		✓	✓
Volkswagen			✓	

Abb. 6.3 IT-Allianzen von OEMs und IT-Riesen, Quelle: Apple, Microsoft, Google, GENIVI

dass nicht mehr in Good Old Germany oder der vom Pleitegeier geplagten, einst so stolzen „Motor City" Detroit, sondern im warmen Silicon Valley die Zukunft der Automobilindustrie entsteht.

Ob dies tatsächlich so kommt ist alleine wegen der hohen Standortkosten in Kalifornien abzuwarten, jedoch wird angesichts dieser Entwicklung klar, dass die Autobauer die Zeichen der Zeit erkannt haben und massiv in die IT investieren.

6.2.2 Neue Schwergewichte im Automobilmarkt

Die Frage der technologischen Kompetenz wird voraussichtlich noch weitere Marktverschiebungen mit sich bringen. Kapitalstarke, global hervorragend aufgestellte IT-Unternehmen wie Google und Apple erzwingen Diskussionen auf Augenhöhe. Ihr Einstieg in die bisher recht hermetisch abgeriegelte Automobilindustrie und erst recht die

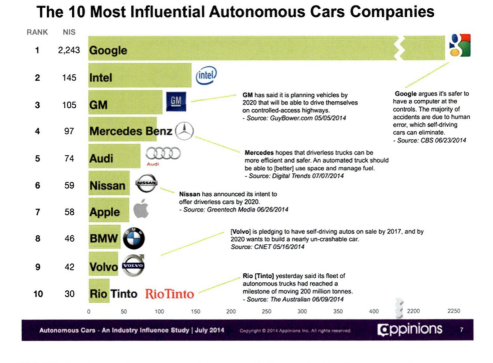

Abb. 6.4 Umfrageergebnisse zum subjektiven Einfluss auf die Entwicklung der autonomen Fahrzeuge, Forbes

Etablierung eigener Fahrzeugmarken durch diese Branchen-Außenseiter, stellt das bisherige Auto-Establishment auf den Kopf. Automobilhersteller beäugen Google & Co. misstrauisch, denn es besteht die Gefahr, dass sie zu namenlosen Hardware-Lieferanten degradiert werden könnten [5]. Das spiegelt sich auch zunehmend in einer veränderten Markenwahrnehmung wider. Eine im renommierten Forbes-Magazin veröffentlichte Umfrage ergab, dass Umfrageteilnehmer Google als bedeutendsten Marktspieler in Sachen autonomes Fahren wahrnehmen, weit vor General Motors und den Veteranen der autonomen Technologieforschung wie Mercedes und Audi (Abb. 6.4) [27].

Doch die Gerüchte um weitere IT-Giganten wie den iPhone-Hersteller Apple, die mit eigenen Fahrzeugen den Automobilmarkt stürmen wollen [33], suggerieren dass der Spieß womöglich umgedreht werden könnte. Könnten Branchen-Outsider wie Google und Apple wirklich selber erfolgreich Autos herstellen? Ein Blick in die Entwicklung der Outsourcing-Aktivitäten der Automobilhersteller liefert diesbezüglich interessante Erkenntnisse.

Über Jahre hinweg haben Autohersteller die Fertigungstiefe verringert, sprich: weniger selbst hergestellt und immer mehr Entwicklungs- und Produktionsaufgaben an ihre

Abb. 6.5 Fertigungstiefe der Automobilindustrie (Datenquellen: [32] und [31])

Zulieferer vergeben. Die aktuelle Fertigungstiefe beträgt bei deutschen Herstellern zuweilen weniger als 20 % (Abb. 6.5).

Dies bedeutet im Umkehrschluss, dass die OEMs Entwicklungs- und Produktionskompetenz verlieren, wogegen die Zulieferer kollektiv immer stärker und tiefer an der Wertschöpfungskette beteiligt sind. Einige Zulieferer spezialisieren sich sogar die komplette Produktion von Fahrzeugen für die OEMs übernehmen, wie die Kanadisch-Österreichische Magna Steyr Gruppe, die u.a. den Mini Countryman für BMW und Jeep Grand Cherokee für die Fiat-Chrysler-Gruppe fertigt.

Fasst man die Fakten zusammen dann erscheint die Vorstellung gar nicht abwegig, dass es mit genügend Kapital durchaus möglich erscheint, unabhängig von den traditionellen OEMs völlig neue Fahrzeuge zu entwerfen und erfolgreich auf den Markt zu bringen.

Der eigentliche Wert eines OEMs scheint indes nicht die Technik, sondern das erfolgreiche Branding zu sein. Denn während in der Vergangenheit der Halo-Effekt des Herkunftslandes (auch bekannt als „Country-of-Origin"-Effekt) den hiesigen Fahrzeugherstellern in die Hände spielte („Made in Germany" steht für teure aber zuverlässige Qualität), ist eine starke Marke ein wesentlich bedeutenderer Einflussfaktor ist als das Herkunftsland [35].

Ein Blick auf die aktuelle Liste der führenden Marken offenbart, dass IT-Riesen wie Google und Apple noch stärkere Marken darstellen (Abb. 6.6).

Traditionelle Autohersteller haben in den letzten Jahrzehnten überaus erfolgreiche, starke Marken entwickelt, die von Kunden global erkannt und anerkannt werden. Allerdings stellen diese Neuankömmlinge in dieser Hinsicht eine durchaus realistische Gefahr für die herkömmlichen OEMs dar.

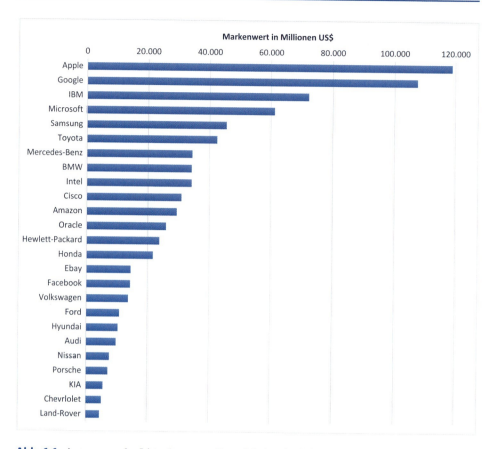

Abb. 6.6 Auszug aus der Liste der wertvollsten Marken im Jahre 2014 gemäß Interbrand [34]

Da technische Hürden dank der globalen Verfügbarkeit von Komponenten und Herstellungsdienstleistern überwindbar sind, können die neuen Mitbewerber durchaus zu gefährlichen Marktmitspielern im künftigen Automobilmarkt werden.

Um dieser neuen Marktlage angemessen zu begegnen, müssen für das Design sowie die Vermarktung von Autos künftig neuartige Strategien entwickelt werden.

6.2.3 Steigender Kostendruck

Der steigende Anteil der IT bedeutet nicht zuletzt einen insgesamt höheren Entwicklungsaufwand. Softwareentwicklung ist notorisch schwer zu budgetieren und generell sehr teuer. Auch der Integrationsaufwand von immer komplexeren Baugruppen wird steigen. Hohe Investitionen sind erforderlich, damit die OEMs eine tiefgreifende IT-Kompetenz aufbauen können.

6.2 Folgen für Autohersteller und ihre Zulieferer

Zugleich gerät der Fahrzeugmarkt aufgrund des veränderten Kaufverhaltens unter Druck. Manche Experten erwarten, dass die Nutzung von autonomen Fahrzeugen dazu führt, dass der für Fahrzeughersteller heute so wichtige Spaß am Fahren zweitrangig wird [8]. Privater Fahrzeugbesitz wird demnach voraussichtlich signifikant zurückgehen (s. [7]). Das Automobilgeschäft wird zunehmend von B2C zu B2B mutieren, denn die OEMs werden mehr Fahrzeuge an Mobilitäts-Provider (Car Sharing Unternehmen etc.) verkaufen. Solche Großabnehmer werden mit den OEMs auf Augenhöhe verhandeln können, wodurch der Kostendruck auf die OEMs voraussichtlich weiter steigen wird.

6.2.4 Weitere Auswirkungen

Weitere Auswirkungen der Car IT-Revolution auf die Branche lassen sich wie folgt umreißen:

– Die Haftung für die Verkehrssicherheit autonomer Fahrzeuge wird voraussichtlich zunehmend von Fahrzeugherstellern getragen. Das wird Veränderungen im Versicherungsbereich nach sich ziehen: Automobilhersteller werden implizit oder explizit selbst als Versicherer agieren müssen.
– Beim Vertrieb und vor allem beim Marketing werden Autohersteller neue Wege gehen müssen. Dies wird eine Verschiebung der Wahrnehmung des Automobils bei Endkunden nach sich ziehen. Marken die heute auf Sportlichkeit und Fahrspaß setzen, werden umdenken müssen.
– Es wird innerhalb der Fahrzeugindustrie einen weiteren Trend zu projektorientierten Organisation geben. Die traditionelle Matrix-Organisation ist für die Entwicklung der schnelllebigen, komplexen Car IT zu schwerfällig.
– Es wird Talentmangel bei technologieintensiven Entwicklungen geben. Der Kampf um die Besten der Besten, der in der Software- und Hightech-Branche üblich ist, wird auch bei Autobauern ausbrechen.
– Aus Kosten- und Sicherheitsgründen werden neuartige Fahrzeugarchitekturen entwickelt. Dazu zählen herstellerübergreifende Plattformen (teils quelloffen), flexible Busarchitekturen (z. B. IP im Fahrzeug) und eine extreme Modularisierung von Bordsystemen.
– Es werden erhebliche Anstrengungen unternommen werden müssen, um die Datensicherheit der IT-Systeme im Fahrzeug zu gewährleisten. Je stärker Autos Teil des „Internet of Things" werden, umso anfälliger werden sie für Hacker-Angriffe.
– Da die im Fahrzeug gesammelten Daten oft personenbezogen sind, wird sich die Frage stellen, wem diese Daten genau gehören: den OEMs oder ihren IT-Partnern wie Google oder Apple?

Schlussendlich ist zu erwarten, dass die gesamte Fahrzeugindustrie in zwanzig bis dreißig Jahren kaum noch wiederzuerkennen sein wird. Nicht nur die Kompetenzen werden anders verteilt; das Produkt selbst wird ein Minirechenzentrum auf Rädern werden. Die in diesem Buch beschriebenen vernetzten Services und Features, an denen zurzeit mit Hochdruck gearbeitet wird, werden das eigentliche Produkt werden. Nur die Hersteller und Zulieferer, die das verstehen und diese Komplexität beherrschen, werden im Markt künftig führend agieren.

6.3 Folgen für Volkswirtschaft, Gesellschaft und Politik

Autonome Fahrzeuge werden von den Beobachtern mit gemischten Gefühlen erwartet. Sie werden nämlich sowohl zu positiven als auch bedenklichen Entwicklungen führen.
Zu den erhofften Vorteilen zählen:

- **Weniger Unfälle.** Computer sind nie betrunken, werden nie abgelenkt, müde oder von anderen Verkehrsteilnehmern genervt. Sie werden nie willkürlich rasen.
- **Bessere Nutzung des Straßennetzes.** Die Kapazität des Straßennetzes kann besser genutzt werden, wenn Fahrzeuge den Abstand automatisch korrekt halten und weniger Unfälle verursachen.
- **Einsparungen in der Verkehrsinfrastruktur.** Bessere Nutzung des Straßennetzes impliziert, dass Verkehrsführungsanlagen überflüssig werden und Geschwindigkeitskontrollen werden entfallen. Bei gleichbleibender Reise- und Transporttätigkeit ist es denkbar, dass insgesamt weniger und weniger ausgebaute Straßen erforderlich werden.
- **Gestiegene Energieeffizienz.** Durch weniger unnötige Brems- und Beschleunigungsvorgänge sowie automatisch energieoptimierte Reiserouten werden autonome Fahrzeuge spürbar weniger Energie verbrauchen.
- **Mehr Arbeits- und Freizeit.** Reisende können ihre Zeit sinnvoll nutzen. Zwar ist das in einem Bus oder in der Bahn bereits heute möglich, jedoch werden Menschen in Fahrzeugen zudem ihren persönlichen Lebensraum haben und sich dort wohlfühlen können.
- **Mobilität für Ältere, Kranke und Minderjährige.** Sichere Tür-zu-Tür-Mobilität wird für diese Bevölkerungsgruppen ein Segen sein.
- **Bessere Nutzung von Stadträumen.** Parkflächen in Städten können anders genutzt werden, da Fahrzeuge in weiterer Entfernung parken und somit weniger Parkhäuser in den Innenstädten erforderlich sein werden.
- **Niedrigere Versicherungskosten.** Die steigende Sicherheit autonomer Fahrzeuge wird die Versicherungsprämien voraussichtlich deutlich herabsetzen. Auch das wird die Einführung der neuen Technologie beschleunigen. Einer neuerlichen Umfrage des US-Amerikanischen Versicherungsportals Insurance.com zufolge meinten 25,5 % aller Befragten „auf keinen Fall" in ein autonomes Fahrzeug steigen; Ein Versprechen billigerer Versicherungsprämien ließ diese Zahl auf 13,7 % schrumpfen [24].

6.3 Folgen für Volkswirtschaft, Gesellschaft und Politik

Tab. 6.1 Auswirkungen der autonomen Fahrzeuge im Verhältnis zu ihrer Adoptionsrate, Quelle: George Mason University [28]

Adoptionsrate	10 %	50 %	90 %
Einsparpotential			
Weniger Unfallopfer (pro Jahr)	1.100	9.600	21.700
Weniger Unfälle	211.000	1.880.000	4.220.000
Kostenersparnis	5,5 Milliarden US$	48,8 Milliarden US$	109.7 Milliarden US$
Gesamtkostenersparnis	17,7 Milliarden US$	158,1 Milliarden US$	355,4 Milliarden US$
Kostenersparnis pro autonomes Fahrzeug	430 US$	770 US$	3.100 US$
Gesamtkostenersparnis pro autonomes Fahrzeug	1.390 US$	2.480 US$	3.100 US$
Staureduktion			
Eingesparte Reisezeiten (Millionen Stunden)	756	1680	2772
Gesparter Kraftstoff (Millionen von Galons)	102	224	724
Gesamtkostenersparnis	16,8 Milliarden US$	37,4 Milliarden US$	63,0 Milliarden US$
Ersparnis pro autonomes Fahrzeug	1.320 US$	590 US$	550 US$
Weitere Auswirkungen			
Gesparte Parkgebühren	3,20 US$	15,90 US$	28,70 US$
Einsparungen pro autonomes Fahrzeug	250 US$	250 US$	250 US$
Steigerung der Kilometerlaufleistung	2 %	7,5 %	9 %
Veränderung der Gesamtzahl von Fahrzeugen	−4,7 %	−23,7 %	42,6 %
Gesamteinsparungen (rein ökonomisch)	25,5 Milliarden US$	102,2 Milliarden US$	2014,4 Milliarden US$
Jährliche Gesamteinsparungen	37,7 Milliarden US$	211,5 Milliarden US$	447,18 Milliarden US$

Die folgende Tabelle (Tab. 6.1) fasst einen Versuch der George Mason University zusammen, die Auswirkungen der autonomen Fahrzeuge im Verhältnis zu ihrer Adoptionsrate zu berechnen.

Es sind auch negative Folgen zu erwarten, darunter:

- **Mehr Autos auf den Straßen**. Billigeres Fahren und fahrerlose Fahrten könnten mehr Fahrzeuge auf die Straße bringen und somit die bessere Nutzung des Straßennetzes wieder zunichtemachen.

- **Niedergang des öffentlichen Straßenverkehrs.** Autonomes Fahren, Car-Sharing, individuelle Mobilität ohne Führerschein – das sind alles Faktoren, die das Bus-und-Bahnfahren weniger attraktiv machen. Im öffentlichen Straßenverkehr werden daher zwangsläufig Arbeitsplätze abgebaut. Verstärkt wird der Personalabbau auch dadurch, dass Busse und Bahnen erwartungsgemäß ebenfalls ohne Fahrer unterwegs sein werden.
- **Neuartige Sicherheitsrisiken.** Automatisch gesteuerte Fahrzeuge können auch durch Terroristen als programmierbare Transportvehikel für Terroranschläge verwendet werden.
- **Gefahr von Hacker- und Terrorangriffen auf die Car IT.** Angriffe auf ganze Fahrzeugplattformen könnten möglich sein (e.g. 5 Millionen Fahrzeuge fahren plötzlich ohne Lenkung mit Vollgas vor sich hin).
- **Neue Komplexität in der Straßenverkehrsordnung.** Wie verhalten sich andere, nicht computer-gesteuerte Verkehrsteilnehmer? Wenn die Autos bedingungslos für alle Hindernisse bremsen, insbesondere für Fußgänger und Radfahrer, dann könnten diese das intensiv ausnutzen und Wohngebiete für autonome Fahrzeuge schwer passierbar machen.
- **Komplexere Gesetzgebung.** Unzählige Gesetze müssen angepasst werden, vom Versicherungsrecht bis hin zu Regelsätzen zur Entscheidungsfindung für die Führung von Fahrzeugen. Diese Regeln werden bestimmen, wie sich Fahrzeuge auf Autobahnen und Schnellstraßen, aber auch in Wohngebieten zu verhalten haben. Langwierige, politische Diskussionen sind daher nicht ausgeschlossen.
- **Gefahren für die Privatsphäre.** Ein mit Sensoren bestücktes, in das „Internet-of-Things" nahtlos integriertes Auto wird eine Flut von personenbezogenen Daten, von Fahrtzielen bis zur akustischen und visuellen Erfassung des Fahrzeuginneren, aufnehmen und an verschiedene Server übertragen. Es wird vermutlich nicht mehr möglich sein, einen Missbrauch dieser Daten vollständig auszuschließen.
- **Vernichtung von Arbeitsplätzen.** Busfahrer und LKW-Fahrer werden eines Tages nicht mehr gebraucht. Der Beruf des Taxifahrers verschwindet ebenso wie der des Chauffeurs. Tankstellen werden sich zumindest umorientieren müssen, da Fahrzeuge zudem elektrisch fahren werden und außerdem oft ohne Insassen an die Ladesäule kommen werden. Fahrlehrer werden zu einer exotischen Erscheinung. Hersteller von Blitzkästen werden ihre Tore schließen oder sich weitgehend umorientieren müssen. Verkehrspolizisten werden nur in Ausnahmefällen benötigt. Es werden deutlich weniger traditionelle Straßenverkehrszeichen und folglich Hersteller von solchen erforderlich sein. Unabhängige Autowerkstätten werden praktisch verschwinden. Da Passagiere autonomer Fahrzeuge seltener eine Pause anlegen müssen, werden Autobahnraststätten weniger Umsatz machen und weniger Mitarbeiter benötigen. Sicherlich werden weitere, neuartige Arbeitsplätze entstehen, jedoch werden sie mit hoher Wahrscheinlichkeit insgesamt weniger werden.

6.4 Ein Blick in die Zukunft

Wie könnten die Entwicklungen der kommenden Jahre und Jahrzehnte aussehen? Die folgende Aufstellung stellt ein denkbares Zukunftsszenario dar.

2016 Google absolviert die ersten Fahrten mit autonomen Fahrzeugen bei voller Geschwindigkeit quer durch die USA.

2017 Mehrere Hersteller melden ähnliche Erfolge in Europa, inklusive voller Autonomie in dicht bebauten städtischen Gebieten und allen erdenklichen Verkehrssituationen, Witterungen und Umgebungen.

2017 Apple Inc. kauft Tesla Inc. und kündigt das erste teilautonome (Stufe 3) Auto an, das mit Apple-Technologie für autonomes Fahren ausgerüstet ist. Es darf jedoch nur in ausgewählten, besonders gut digital erfassten Gebieten autonom betrieben werden.

2018 Alle Autohersteller haben inzwischen Systeme für autonome Autobahnfahrten und selbstständiges Einparken im Programm.

2018 Google Inc. schließt eine strategische Allianz mit einem führenden deutschen Automobilhersteller, woraufhin zunächst in ausgewählten, später in zahlreichen Fahrzeugen sämtliche Entertainment- und Telematikfunktionen über Googles Android-Geräte und Cloud-Services abgewickelt werden.

2019 Microsoft schließt ein ähnliches Abkommen mit Ford und GM.

2019 Apple stellt das erste vollautonome (Stufe 4) iCar in einem besonders attraktiven Design vor.

2019 Ein europäischer Hersteller bringt das erste vollautonome Fahrzeug der Luxusklasse auf den europäischen Markt.

2020 Ein europäischer Automobilhersteller zieht mit einem vollautonomen Mittelklassemodell und einer autonomen Sonderanfertigung eines Nobelmodells nach. GM bringt ein neues Cadillac-Modell mit einem ähnlichen System auf den US-Markt.

2020 Ein europäischer Automobilhersteller kündigt vollautonome Fahrzeuge im Niedrigpreis-Segment an, die statt mit eigener nun vorwiegend mit Google-Software gesteuert werden.

2020 Die chinesische Regierung erlässt ein Gesetz, wonach innerhalb von 5 Jahren 90 % aller in China zugelassenen Fahrzeuge vollautonom und elektrisch fahren müssen.

2021 Ein europäischer Automobilhersteller bringt autonome Lastwagen zur Marktreife.

2021 Alle anderen Hersteller, wie Ford, GM, Toyota etc., bringen vollautonome Pkw auf den Markt.

2021 Ein bisher unbekannter chinesischer Fahrzeughersteller (nennen wir ihn „Red Dragon Inc.") bringt einen vollautonomen Pkw auf den europäischen Markt, zu einem Kampfpreis von 15.000 Euro.

2021 Versicherungen bieten Kfz-Besitzern, die ein autonomes Fahrzeug erwerben, einen Versicherungsprämiennachlass von bis zu 90 %.

2022	Massenstreiks französischer Lkw-Fahrer gegen autonome Lkw legen den europäischen Fernverkehr lahm. Dabei werden auf Pariser Straßen die Logos eines deutschen Automobilherstellers und von Google medienwirksam verbrannt.
2022	Ein deutscher Automobilhersteller bringt das erste marktreife, vollautonome Taxi auf den Markt. Begleitet von Protesten wütender Taxifahrer werden von Funktaxiunternehmen autonome Taxen zuerst in München und Berlin, dann in Hamburg und anderen Großstädten eingeführt.
2022	Carsharing-Unternehmen wie Uber und MyTaxi bringen flächendeckend vollautonome, fahrerlose Fahrzeuge auf die Straße. In Großstädten beträgt die mittlere Wartezeit auf ein über ein Smartphone gerufenes Shared Car ca. 1,5 Minuten. Dank der leistungsfähigen Smartphones kann jeder Fahrgast seine Fahrzeugpersonalisierung „mitnehmen" (Sitzeinstellungen, Fahrzeugklimatisierung, Multimedia, bevorzugte Fahrrouten und Ziele usw.) Auf Wunsch bringt das Auto auf dem Weg Erfrischungsgetränke, Snacks oder frisch gebrühten Kaffee mit. Die Fahrzeuge erkennen eventuelle Verunreinigungen im Innenraum selbstständig und begeben sich automatisch bei Bedarf zur Fahrzeugreinigung. So sind die gestellten Autos immer sauber und angenehm. Die Akzeptanz des Carsharing-Prinzips steigt dadurch sprunghaft. Der Erfolg treibt die Aktienkurse von Carsharing-Unternehmen in astronomische Höhen, während die Aktien der traditionellen Fahrzeughersteller dagegen herbe Rückschläge erleiden.
2023	Durch einen Serienfehler eines Zulieferers sicherheitsrelevanter Bordsysteme ereignen sich in den USA, Kanada und in Russland unter speziellen Wetterbedingungen zahlreiche Unfälle mit Todesfolge. Die US-Behörde NHTSA ermittelt gegen das Management. Die Opfer reichen eine Gruppenklage („Class Action") beim amerikanischen Bundesgericht ein. Carsharing-Unternehmen, die autonome Fahrzeuge anbieten, verlieren an der Börse bis zu 80 % ihres Werts.
2023	Google kauft Apple und übernimmt somit die ehemalige Tesla-Schmiede.
2023	Ein erstes Formel-1-Rennen mit vollautonomen Fahrzeugen findet statt.
2024	Der Absatz von Fahrzeugen bricht weltweit ein. Insbesondere in urbanen Gebieten wird Carsharing zur dominierenden Mobilitätsform.
2024	Ungeachtet der Allianz mit einem führenden deutschen Automobilhersteller bringt Google ein für Carsharing konzipiertes Fahrzeug aus dem ehemaligen Tesla-Werk auf die Straße. Der Transfer ist für die Fahrgäste umsonst. Die Fahrzeugflotte wird durch Werbung finanziert (Augmented Reality in digitalen Fenstern, im Onboard-Video und akustisch durch HiFi-Bordsysteme).
2024	Richter entscheiden, dass Fahrzeuganbieter bei Unfällen, die sich durch Fehler in der autonomen Fahrzeugführung ereignen, voll haften müssen.
2025	Regierungen führender Autonationen schreiben in ihren Gesetzgebungen fest, dass nun die Staaten mit Steuergeldern – und nicht die Fahrzeughersteller – bei Unfällen durch Fehler in der autonomen Fahrzeugführung aufkommen, indem sie als Rückversicherung agieren und somit die Autohersteller entlasten.

2026 Der öffentliche Verkehr wird um die Hälfte reduziert und mit autonomen Fahrzeugen ausgestattet.

2028 Ganze Berufsgruppen und Industriezweige verschwinden: Busfahrer, Bahnfahrer, Lkw-Fahrer, Taxifahrer, Fahrschullehrer, Blitzkastenhersteller, Radarfallenanbieter, Rennfahrer usw.

2030 Herkömmliche Fahrzeuge werden in Deutschland und vielen anderen Ländern aus Sicherheits- und Umweltschutzgründen verboten. Innerhalb von fünf Jahren müssen alle Fahrzeuge mit Stufe-3-Autonomie oder niedriger ersetzt werden. Nur noch vollautonome Fahrzeuge sind erlaubt. Die Fahrzeughersteller profitieren massiv von dieser einmaligen Situation, da ein Großteil der noch im Straßenverkehr befindlichen Fahrzeuge betroffen ist. Sie haben es bitter nötig; der Absatz ist in den vergangenen 10 Jahren weltweit um 80 % eingebrochen.

2033 Autohersteller brechen komplett mit dem traditionellen Fahrzeugdesign. Die Autos sind größer und rundlicher. Sie haben kein Lenkrad und keinen dedizierten Fahrersitz, dafür bieten sie den Fahrzeuginsassen großzügige Arbeitsflächen. Die Sitze sind in größeren Modellen teilweise zueinander gewandt, so dass mobile Konferenzräume entstehen. Fenster sind multifunktional: Auf Wunsch werden sie undurchsichtig oder agieren als Displays. Besonders beliebt sind Technologien wie Neigetechnik und ABC-Systeme (Active Body Control, ein System, das Fahrbahn-Unebenheiten aktiv ausbügelt), die so perfektioniert wurden, dass die Insassen fast gar nicht merken, dass sie unterwegs sind.

2035 Eine beispiellose, globale Fusionswelle rollt über die Automobilindustrie. Amerikanische Fahrzeugschmieden werden vom chinesischen Hersteller Red Dragon Inc. übernommen. Deutsche Hersteller fusionieren und kaufen noch dazu, was von anderen Herstellern wie Jaguar und Renault übrig ist. Japanische Hersteller fusionieren mit Koreanern.

2038 Nur noch vier Hersteller bleiben übrig: die deutsche Germania Car AG, die koreanisch-japanische Sunrise Inc., die chinesische Red Dragon Inc. und der zunehmend dominierende Marktführer Google.

2040 Kinder lernen in den Schulen im Geschichtsunterricht, dass Menschen früher an einem mit Leder beschlagenen Rad drehen und mehrere Pedale treten mussten, um mit dem Auto von A nach B zu kommen.

6.5 Von der Car IT zum IT-Car

Es hat über hundert Jahre gedauert, bis Fahrzeuge so perfektioniert wurden, dass sie über Jahre hinweg zuverlässig und sowohl aktiv als auch passiv um Größenordnungen sicherer geworden sind als ihre Vorgänger. Es war eine langwierige Reise auf einem kurvigen, steinigen Weg.

Der neuerliche Triumphzug der Car IT mutet dagegen eher wie ein Formel-1-Rennen an. Innerhalb von wenigen Jahren wurde eine neue Klasse von Fahrzeugen entwickelt, die alles in den Schatten stellt, was bisher in Sachen Elektronik und Software im Automobil realisiert wurde.

Es ist zu erwarten, dass die Veränderung umwälzend, weitreichend, weltbewegend sein wird. Vermutlich deshalb gehört die Automobilindustrie zurzeit zu den spannendsten Industriezweigen überhaupt. Der traditionelle Ingenieur mit einem DIN A0 Zeichenbrett wird durch multidisziplinäre Teams ergänzt, teils sogar ersetzt. Wir sind zurzeit dabei, aus der Car IT das IT-Car zu machen. Es ist ein Paradigmenwechsel, dessen Reichweite noch unterschätzt wird. Das IT-Car eröffnet der Automobilindustrie ungeahnte Möglichkeiten.

Es bleibt zu hoffen, dass wir diese Umwälzung als Chance ansehen und sie clever nutzen werden.

Literatur

1. BMW Group, S. Rauch/M. Aeberhard/M. Ardelt/N.Kämpchen: „Autonomes Fahren auf der Autobahn – Eine Potentialstudie für zukünftige Fahrerassistenzsysteme", http://mediatum.ub.tum.de/doc/1142101/1142101.pdf. Zugegriffen am 13.12.2014
2. McKinsey: „The road to 2020 and beyond", http://www.mckinsey.com/~/media/McKinsey/dotcom/client_service/Automotive%20and%20Assembly/PDFs/McK_The_road_to_2020_and_beyond.ashx. Zugegriffen am15.02.2015
3. Verband der deutschen Automobilindustrie (VDA), „Vernetzung: Die digitale Revolution im Automobil", http://www.vernetzung-vda.de. Zugegriffen am 02.10.2014.
4. Delhi: RACam – Kamera, integriertes Active Safety – System von Delphi http://www.delphi.com/manufacturers/auto/safety/active/racam. Zugegriffen am 16.10.2014
5. Reuters: „Nissan CEO says some car makers concerned over product control in Google cooperation". Zugegriffen am 02.11.2014 http://www.reuters.com/article/2014/07/17/nissan-google-idUSL4N0PS0X720140717
6. Ernst & Young GmbH: „Autonomes Fahren – die Zukunft des Pkw-Marktes?", Ergebnisse einer Befragung von 1.000 Verbrauchern in Deutschland, 2013 Ernst & Young GmbH
7. Wirtschaftswoche: „2035 werden 100 Millionen selbstfahrende Autos verkauft", http://green.wiwo.de/studie-schon-2035-werden-100-millionen-fahrerlose-autos-verkauft. Zugegriffen am 02.11.2014
8. Statista: Umfrage zu Nachteilen von autonomen Fahrzeugen 2013, http://de.statista.com/statistik/daten/studie/270612/umfrage/nachteile-von-autonomen-fahrzeugen. Zugegriffen am 02.11.2014
9. Bundesanstalt für Straßenwesen: „Volkswirtschaftliche Kosten von Straßenverkehrsunfällen in Deutschland", http://www.bast.de/DE/Statistik/Unfaelle-Downloads/volkswirtschaftliche_kosten.pdf. Zugegriffen am 02.11.2014
10. Statistisches Landesamt Baden-Württemberg: „Manche pendeln weit" Berufspendler im Bundesländervergleich, Statistisches Monatsheft Baden-Württemberg 4/2010
11. valeo.com: „Park4U", http://www.valeo.com/en/page-transverses-gb/popin-diaporama-en/popin-diaporama-cda-en/diaporama-park4u.html. Zugegriffen am 29.12.2014
12. Heise Technology Review: „Schlaglöcher, Papierfetzen und andere Probleme", http://www.heise.de/tr/artikel/Schlagloecher-Papierfetzen-und-andere-Probleme-2327769.html. Zugegriffen am 11.11.2014
13. „Erhöhung der Verkehrssicherheit durch sehende Autos: Abschlußbericht EUREKA-Verbundprojekt Prometheus 3 (EU 45) Teilprojekt UniBw München", E. D. Dickmanns, W. Niegel, Deutschland Bundeswehr Universität München, 1995

14. „Dann kann ich gleich Eisenbahn fahren", Interview mit Porsche-Chef Matthias Müller. http://www.stern.de/auto/news/porsche-chef-matthias-mueller-dann-kann-ich-gleich-eisenbahn-fahren-2072966.html. Zugegriffen am 16.11.2014
15. „Google Cars ist wie Mondauto", http://www.heise.de/newsticker/meldung/re-publica-Google-Cars-ist-wie-Mondauto-1858523.html. Zugegriffen am 16.11.2014
16. „Lockheed meldet Durchbruch bei der Kernfusion", http://www.welt.de/wirtschaft/energie/article133344139/Lockheed-meldet-Durchbruch-bei-der-Kernfusion.html. Zugegriffen am 16.11.2014
17. „Unfähigkeit berechtigt zum Führerscheinentzug", http://www.focus.de/auto/news/fahrerlaubnis-von-senioren-unfaehigkeit-berechtigt-zum-fuehrerscheinentzug_id_3761561.html. Zugegriffen am 16.11.2014
18. „Gereifte Kunden", Universität Duisburg, https://www.uni-due.de/~hk0378/publikationen/2011/20110211_DIE%20ZEIT.pdf. Zugegriffen am 16.11.2014
19. Statistisches Amt des Kantons Zürich: „Alter, Automobilität und Unfallrisiko, eine Analyse von schweizerischen Daten des Mikrozensus Verkehr und der Unfallstatistik", 04/2004
20. Stern: „Brauchen wir einen Senioren-TÜV?", http://www.stern.de/tv/sterntv/alte-autofahrer-brauchen-wir-einen-senioren-tuev-2108119.html. Zugegriffen am 6.11.2014
21. Europäisches Parlament: „CO2-Emissionen von Neuwagen sollen bis 2020 auf 95 g/km CO2 sinken", http://www.europarl.europa.eu/news/de/news-room/content/20140222STO36702/html/CO2-Emissionen-von-Neuwagen-sollen-bis-2020-auf-95-gkm-CO2-sinken. Zugegriffen am 16.11.2014
22. Mitteilung der Europäische Kommission: „Fahrplan für den Übergang zu einer wettbewerbsfähigen CO2-armen Wirtschaft bis 2050", 8.03.2011
23. ForschungsInformationsSystem des BMVI: „Unfallstatistik nach Unfallursachen", http://www.forschungsinformationssystem.de/servlet/is/421585/. Zugegriffen am 16.11.2014
24. Insurance.com: „Autonomous cars: Bring 'em on, drivers say in Insurance.com survey", http://www.insurance.com/about-us/news-and-events/2014/07/autonomous-cars-bring-em-on-drivers-say-in-insurance.com-survey.html. Zugegriffen am 16.11.2014
25. Die Welt: „UN revolutionieren Straßenverkehrsregeln von 1968", http://www.welt.de/wirtschaft/article128095552/UN-revolutionieren-Strassenverkehrsregeln-von-1968.html. Zugegriffen am 22.11.2014
26. Wirtschaftswoche: „Diese Autos überfordern ihre Fahrer", http://www.wiwo.de/technologie/auto/technik-unverstaendlich-diese-autos-ueberfordern-ihre-fahrer. Zugegriffen am 22.11.2014
27. Forbes: „Google Dominates Autonomous Cars Influence as Automakers Lag Behind". http://www.forbes.com/sites/brucerogers/2014/07/23/google-dominates-autonomous-cars-influence-as-auto-makers-lag-behind/. Zugegriffen am 22.11.2014
28. Adam Thierer, Ryan Hagemann: „Removing Roadblocks to Intelligent Vehicles and Driverless Cars", http://mercatus.org/publication/removing-roadblocks-intelligent-vehicles-and-driverless-cars. Zugegriffen am 29.12.2014
29. Statistisches Bundesamt: „Verkehr auf einen Blick", https://www.destatis.de/DE/Publikationen/Thematisch/TransportVerkehr/Querschnitt/BroschuereVerkehrBlick0080006139004.pdf. Zugegriffen am 13.12.2014
30. International Standard Organization (ISO): „Road Vehicles – Functional Safety", 2011
31. VDA: „Auto Jahresbericht 2008", https://www.vda.de/dam/vda/publications/1225990047_de_2012154422.pdf. Zugegriffen am 15.02.2015
32. Commerzbank: „Branchenbericht Autozulieferer", 2014
33. FAZ: „Apple entwickelt offenbar eigenes Auto", http://www.faz.net/aktuell/wirtschaft/netzwirtschaft/apple-steve-jobs/konkurrenz-fuer-tesla-apple-entwickelt-offenbar-eigenes-auto-13428102.html. Zugegriffen am 15.02.2015

34. Interbrand: „Best Global Brands 2014", http://www.bestglobalbrands.com/2014/ranking. Zugegriffen am 15.02.2015
35. Institut für Handelsmanagement und Netzwerkmarketing: „Wirkung von Country of Origin- und Country of Brand-Effekten: Konsumgüter und Dienstleistungen im Vergleich", http://www.marketingcenter.de/ifhm/forschung/imadi/bgo_PB13.pdf. Zugegriffen am 17.02.2015
36. Universität Duisburg, „Was die Autobauer pro Fahrzeug verdienen" https://www.uni-due.de/~hk0378/publikationen/2013/Absatzwirtschaft-21%2011%202013.pdf. Zugegriffen am 10.03.2015
37. INCOSE: „Automotive Software Systems Complexity: Challenges and Opportunities", http://www.omgwiki.org/MBSE/lib/exe/fetch.php?media=mbse:03-2013_incose_mbse_workshop-ford_automotive_complexity_v4.0-davey.pdf. Zugegriffen am 15.03.2015
38. BMW UK: http://www.bmwretailjobs.co.uk/roles/bmw-genius. Zugegriffen am 22.03.2015
39. ZEIT: „Hacker konnten BMW-Türen jahrelang per Handy öffnen", http://www.zeit.de/mobilitaet/2015-01/bmw-hacker-sicherheit. Zugegriffen am 03.04.2015
40. Computerworld: „With $15 in Radio Shack parts, 14-year-old hacks a car", http://www.computerworld.com/article/2886830/with-15-in-radio-shack-parts-14-year-old-hacks-a-car.html. Zugegriffen am 03.04.2015
41. Forschungsteam der University of Washington: „Comprehensive Experimental Analyses of Automotive Attack Surfaces", http://www.autosec.org/pubs/cars-usenixsec2011.pdf. Zugegriffen am 03.04.2015
42. Senator Edward J. Markey (D-Massachusetts): „Tracking & Hacking: Security & Privacy Gaps Put American Drivers at Risk" http://www.markey.senate.gov/imo/media/doc/2015-02-06_MarkeyReport-Tracking_Hacking_CarSecurity%202.pdf. Zugegriffen am 03.04.2015
43. Forschungsteam der University of Washington: „Experimental Security Analysis of a Modern Automobile", http://www.autosec.org/pubs/cars-oakland2010.pdf. Zugegriffen am 03.04.2015
44. Audi: „Everything combined, all in one place: The central driver assistance control unit", http://www.audi.com/com/brand/en/vorsprung_durch_technik/content/2014/10/zentrales-fahrerassistenzsteuergeraet-zfas.html. Zugegriffen am 05.04.2015
45. Fred Cohen: „Computer Viruses: Theory and Experiments", Computers and Security 6 (1987), Elsevier Advanced Technology Publications Oxford, UK
46. Panda Security, „PANDALABS ANNUAL REPORT 2014", http://www.pandasecurity.com/mediacenter/src/uploads/2015/02/Pandalabs2014-DEF2-en.pdf. Zugegriffen am 05.04.2015
47. ESCRIPT: „Oversee Overview", https://www.escrypt.com/security-lab/research/oversee/overview. Zugegriffen am 11.04.2015
48. BETTELLE: „New System Detects and Alerts to Automobile Cyber Attacks", http://www.battelle.org/media/press-releases/new-system-detects-and-alerts-to-automobile-cyber-attacks. Zugegriffen am 11.04.2015
49. Internet-Zeitschrift carit: „GENIVI-Konferenz zum Internet der Dinge", http://www.car-it.com/genivi-konferenz-zum-internet-der-dinge/id-0039829. Zugegriffen am 12.04.2015.
50. Jens Diehlmann, Joachim Häcker: „Automobilmanagement: Die Automobilhersteller im Jahre 2020", Oldenbourg Wissenschaftsverlag, 2010, 1. Aufl.
51. Internet-Zeitschrift carit: „Das vernetzte Auto: Der Begriff Car-IT gewinnt in der Automobilindustrie massiv an Bedeutung – die künftige Rolle der Business-IT", http://www.car-it.com/der-begriff-car-it-gewinnt-in-der-automobilindustrie-massiv-an-bedeutung-die-kunftige-rolle-der-business-it/id-0031942. Zugegriffen am 30.03.2015.
52. BVDW: „10 Thesen zur Zukunft von Connected Cars", http://www.bvdw.org/medien/bvdw-veroeffentlicht-thesenpapier-zu-connected-cars-digitalisierung-zwingt-autohersteller-zum-umdenken?media=6238. Zugegriffen am 12.04.2015.

53. VDA – Verband der deutschen Automobilindustrie: „Das vernetzte Fahrzeug", https://www.vda.de/de/themen/innovation-und-technik/vernetzung/das-vernetzte-fahrzeug.html. Zugegriffen am 10.03.2015.
54. Gartner: „Automobile of the Future: The Ultimate Connected Mobile Device", https://www.gartner.com/doc/1330814/automobile-future-ultimate-connected-mobile. Zugegriffen am 10.03.2015.
55. Bolse, Timo / Heinrich, Mark (Detecon): „Das Markt- und Technologieumfeld ist reif für Connected Car", http://www.detecon.com/sites/default/files/DMR_Markets_Nr1_Automotive_Technologieumfeld_Bolse_D_06_2014.pdf. Zugegriffen am 10.03.2015.